21 世纪土木工程实用技术丛书

建筑结构概念设计
与选型

郝亚民
江见鲸　编著

U0280459

机 械 工 业 出 版 社

本书阐述了建筑中的结构概念和结构设计中的总体问题，从建筑师的角度来讲述各种结构形式的基本力学特点、应用范围以及施工中所必须采用的设备和技术措施，从而使建筑师尽可能地掌握一些基本的结构概念；同时，又从结构工程师的角度出发，简要阐明了一些建筑结构设计的知识。本书试图打通力学、建筑和结构之间的联系，从而建立起一座沟通建筑师和结构工程师之间的桥梁；也从而使建筑师和结构工程师能更好地共同工作，使建筑结构达到完美的统一。

　　本书适用于建筑师和结构工程师，同时亦可供建筑和土木工程专业的高校师生作教学或参考用书。

图书在版编目（CIP）数据

建筑结构概念设计与选型/郝亚民，江见鲸编著. —2 版.
—北京：机械工业出版社，2015. 1 (2021.7重印)
（21 世纪土木工程实用技术丛书）
ISBN 978 – 7 – 111 – 48732 – 6

Ⅰ. ①建⋯　Ⅱ. ①郝⋯②江⋯　Ⅲ. ①建筑结构 – 结构设计②建筑结构 – 结构形式　Ⅳ. ①TU3

中国版本图书馆 CIP 数据核字（2014）第 282682 号

机械工业出版社（北京市百万庄大街 22 号　邮政编码 100037）
策划编辑：薛俊高　责任编辑：薛俊高
版式设计：霍永明　责任校对：胡艳萍
责任印制：刘　岚
北京中科印刷有限公司印刷
2021 年 7 月第 2 版·第 2 次印刷
169mm × 239mm · 16. 25 印张 · 289 千字
标准书号：ISBN 978 – 7 – 111 – 48732 – 6
定价：48. 00 元

21 世纪土木工程实用技术丛书

编 委 员

主任委员

赵国藩　大连理工大学　中国工程院院士

编委（依姓氏笔画排序）

方鄂华　清华大学　教授

王永维　四川建筑科学研究院　教授

王清湘　大连理工大学　教授

冯乃谦　清华大学　教授

江见鲸　清华大学　教授

朱伯龙　同济大学　教授

李　奇　机械工业出版社副社长

宋玉普　大连理工大学　教授

杜荣军　北京建筑科学技术研究院　高工

沈祖炎　同济大学　教授

金伟良　浙江大学　教授

郝亚民　清华大学　教授

顾安邦　重庆交通学院　教授

陶学康　中国建筑科学研究院　教授

唐岱新　哈尔滨工业大学　教授

黄承逵　大连理工大学　教授

蔡中民　太原理工大学　教授

第2版前言

本书的第 1 版前言是江见鲸教授写的。当我拿起笔来写第 2 版前言的时候，便不由自主地想起江老师去世前，我们愉快共事的日子。我们一起合编这本书，还合编了几本有关"全国一级建造师执业资格考试"的用书。他学识渊博，精于建筑结构计算理论，同时也关注结构设计和建造知识领域，并都有很高的造诣，令人敬佩。在我们的交往中，我从他身上学到了不少知识。为失去这位良师益友，我倍感痛心。出版社的同志，让我对本书做适当的修改后再行出版，也以此作为对江见鲸教授的记念。

江见鲸教授一生著书颇丰，《建筑结构概念设计与选型》是他最后与我合编的一本书。在这方面我们有着共同的认知。建筑结构概念设计与选型和结构设计中的定量计算与分析，是结构设计工程师必备的两种能力，都很重要。结构设计的最终目标是为了保证结构在正常使用条件下的安全、稳定和耐久性。结构的概念设计与定量计算分析的科学原则，都是建立在建筑结构的材料力学、结构力学等学科的理论基础之上，同时，还需符合我国建筑工程结构可靠度统一标准。建筑结构概念设计的原则，应贯彻于整个结构设计过程之中，从结构设计选型、结构构件的布置、直至构件节点设计，每个环节都应有所体现。我国各种建筑结构设计规范既重视结构的定量计算与分析，也非常重视结构安全概念设计的理论原则。尤其是我国的抗震设计规范，在不同的结构型式抗震设防中，都很明确而充分地体现出概念设计与定量计算分析的必要性和重要性。这一科学原则，始终贯穿于整个设计的各个阶段。建筑工程抗震规范的结构概念设计原则和结构定量计算分析理念，都来自于地震时，对不同结构形式破坏形态的分析研究和地震试验台上模拟试验的成果。在这里，应特别指出的是结构的定量计算存在一定的近似性和局限性。建筑结构在正常使用条件下的实际受力状态，也存在着一定的不确定性。结构的安全概念设计，应是对定量计算的重要补充与完善，以便能够更好保证结构在正常使用条件下的安全、稳定和耐久性。结构概念设计的明确提出是希望结构设计工程师更自觉地运用这种方法，来提高结构设计的质量。

为了确保结构工程质量，当然离不开结构工程师的精心设计；也离不开建造师的精心施工。结构设计工程师与结构建造工程师，在工程建造中的相互沟通非常必要。

郝亚民

2014 年 10 月于清华大学荷清苑

第1版前言

清华大学土木系和建筑系先后开设过《定性结构力学》与《建筑结构型式概论》两门课。开设这两门课的目的是为了让建筑师掌握各类建筑结构在不同条件下的合理结构形式，初步掌握简易而有效的结构定性分析，从而可以更合理地发挥其建筑才华，设计出优秀的建筑物。同时也使结构工程师从宏观上、整体上去把握结构的内力与变形规律，以便快速地判断和选择合理的结构形式去适应多变而快节奏的建筑方案设计。在技术设计阶段的结构分析，大多已由各类计算机程序完成。而由于选取的计算模型不同和计算技术的差异，有时，不同软件会给出不同结果，甚至，由于数据输入的失误而得出错误结果，这时，本书提供的知识和方法会帮助工程师作出正确的判断和选择。

本书介绍了结构定性分析的原理和方法，介绍了各类建筑结构的受力特点、适用范围和主体结构的尺寸估算。本书在介绍各类结构形式时，引用了许多中外的建筑实例；在分析结构的基本受力特点时尽量避免公式推导而力求形象化，从而为建筑师和结构工程师提供了联系的纽带。

本书可作为土建类大专院校的教学参考书，也可供广大土建工程技术人员阅读。

本书总纲由江见鲸、郝亚民商定，其中第1、2章由江见鲸编写，第3～11章由郝亚民编写。成稿后，二人又互相审校。本书是在作者多年的教学经验和工程实践的基础上编写而成的，同时参考和借鉴了国内外同行专家的设计和研究成果。由于时间紧，水平有限，难免有许多不足之处，恳请广大读者批评指正。

江见鲸
于清华大学
2004 年 4 月

目　录

第2版前言

第1版前言

第1章　建筑中的结构概念 ·········· 1

1.1　概述 ················· 1

1.2　杆件的基本受力状态 ········ 3

1.3　杆件的刚度和变形 ········· 8

1.4　建筑美观和结构合理协调的
　　　例子 ·············· 11

第2章　结构设计中的总体
　　　　问题 ·············· 15

2.1　荷载的种类及估算 ········· 16

2.2　结构内力的定性分析 ······· 31

2.3　结构的稳定、位移与刚度 ····· 49

2.4　充分利用材料性能 ········ 70

2.5　注意施工过程 ··········· 75

2.6　具有抗灾能力 ··········· 77

2.7　配合建筑美观 ··········· 82

2.8　重视构造设计与施工 ······· 86

第3章　梁板结构（楼盖） ······· 89

3.1　概述 ··············· 89

3.2　现浇肋梁楼盖 ··········· 90

3.3　井式楼盖 ············· 97

3.4　密肋楼盖 ············· 99

3.5　无梁楼盖 ············· 102

3.6　装配与装配整体式楼盖 ····· 106

第4章　拱式结构 ············ 111

4.1　概述 ··············· 111

4.2　拱的受力特点及类型 ········ 112

4.3　拱轴的形式 ············ 117

4.4　拱的截面形式与主要尺寸 ····· 119

4.5　拱结构实例 ············ 120

第5章　单层刚架结构 ········· 128

5.1　单层刚架的适用范围 ······· 128

5.2　单层刚架的受力特点与
　　　种类 ·············· 129

5.3　单层刚架的截面形式及
　　　构造 ·············· 131

5.4　钢刚架结构 ············ 136

5.5　单层刚架结构的总体
　　　布置 ·············· 138

5.6　单层刚架结构实例 ········ 138

第6章　网架结构 ············ 141

6.1　网架的特点与适用范围 ····· 141

6.2　平板网架的结构形式 ······· 142

6.3　平板网架的受力特点 ······· 153

6.4　平板网架的主要尺寸 ······· 154

6.5　网架的支承方式与支座
　　　节点 ·············· 156

6.6　网架的杆件截面与节点 ····· 159

6.7　网架结构的施工 ········· 160

6.8　网架结构工程实例 ········ 163

第7章　薄壁空间结构 ········· 165

7.1　概述 ··············· 165

7.2　薄壁空间结构的曲面形式 ···· 166

7.3　筒壳（柱面壳） ·········· 169

7.4　折板结构 ············· 178

7.5　圆顶结构 ············· 182

7.6　双曲扁壳 ············· 185

7.7　双曲抛物面壳 ··········· 187

7.8　幕结构 ·············· 191

7.9 曲面的切割、组合与工程
实例 ··········· 193

第8章 悬索屋盖结构 ····· 198

8.1 概述 ············· 198

8.2 悬索结构的受力特点 ········ 199

8.3 悬索屋盖的类型 ········· 201

8.4 悬索屋盖的结构布置 ······· 205

8.5 悬索屋盖的刚度及屋面
构造 ··········· 208

8.6 悬索结构实例 ········· 211

第9章 索膜建筑结构 ····· 215

9.1 概述 ············· 215

9.2 索膜结构的分类 ········· 215

9.3 膜面与索膜结构的发展 ····· 221

第10章 多高层建筑结构 ····· 222

10.1 概述 ············· 222

10.2 结构体系及其布置 ······· 222

10.3 钢结构 ··········· 233

10.4 各种结构体系的适用高度 ····· 236

10.5 结构的总体布置与变形缝 ····· 237

10.6 结构的抗震概念设计 ······· 241

**第11章 结构形式优选、施工与
技术经济** ······· 243

11.1 概述 ············· 243

11.2 结构施工 ··········· 243

11.3 结构技术经济分析 ······· 244

11.4 结构形式的优选与组合 ····· 247

参考文献 ················· 251

第1章

建筑中的结构概念

1.1 概述

随着人们生活的改善与提高，外出旅游的人愈来愈多。人们集中去的旅游景区，比较集中的可以分为两大类：一类是自然风光，如桂林山水、三亚海滩、蒙古草原、新疆大漠、杭州西湖、九寨风景、武陵桃源等等；另一类是名胜古迹，如北京故宫、云岗石窟、西安古城、甘肃敦煌、苏州园林、万里长城，等等。大部分名胜风景区则常常两者兼而有之。人们在旅游之时，一定会摄影留念。当你翻开历年历次的留影时，你一定会注意到影片的背景绝大部分会有建筑物，如楼、台、亭、榭，高楼广场，皇宫古廊，等等，可见建筑留给人们的美感是多么美好且广泛。

另一方面，有许多建筑已成为一个城市甚至是一个国家的标志。如，北京的天安门、中国的长城、埃及的金字塔、希腊的神庙、莫斯科的克里姆林宫、英国的白金汉宫、美国的白宫、旧金山的金门大桥、法国的凡尔赛宫、澳大利亚的悉尼歌剧院，等等。当你看到这些建筑时，一定会记起这个城市甚至这个国家。可见优秀的建筑会随着历史的推移而更现光辉。

当然，一般建筑是普通而平凡的，但它与人类衣食住行密切相关。其中"住"是与建筑工程直接有关的，"行"则需要建造铁道、公路、机场、码头等交通土建工程。"食"则也需建粮仓、粮食加工厂等，"衣"之纺纱、织布、制衣等也必须在工厂中进行。其他如体育、娱乐、办公等也都首先必须有具备一定功能的建筑。

由上综述，可知建筑范围之广，重大的建筑物会流传千古，普通的建筑物则可使人们安居乐业。一个好的建筑物需要有舒心悦目的外观及合理的空间布局，需要有牢固的结构骨架保证安全可靠，现代建筑还需配有先进的设备以方便生活和工作，并可创造出良好的人工环境。所以好的建筑物是建筑师、结构工程师、设备工程师和广大施工技术人员与工人共同努力的产物。另一方面在建筑、结构、设备三大系统中各自关心的问题是不一样的。

对建筑师来讲，要解决室内外环境、建筑空间与体型，与使用有关的功能组合等。建筑师会考虑到结构的可能性，但他们更注重美观与功能要求。

对结构工程师来讲，要选择合理的结构形式，选用结构材料，保证结构的承载力、刚度和稳定性，并在一定的使用年限内，具有足够的耐久性，同时要考虑到结构施工的合理与方便，考虑建筑的经济性。

对设备系统，则有水系统，包括上水、排水系统，消防水系统；能源系统，包括供热、制冷、空调、燃气系统；电力及通信系统，包括动力电，照明电，应急照明系统，电话、电视、信息网络系统，可能还有电梯、保安报警等系统。

这些系统既有其各自的特殊要求，又必须统一安置在房屋内部；既要保证这些设施正常有效地运行，又要满足房屋的使用功能。有时会发生一些矛盾，这就要求设计人员在建筑设计的最初阶段，协调好各个系统的基本要求。其中，结构是建筑物的基本受力骨架。无论工业建筑、居住建筑、公共建筑或某些特种构筑物，都必须承受自重、外部荷载作用（使用荷载、风荷载、雪荷载，土、水压力和地震作用等）、变形作用（温度变化引起的变形、地基沉降、结构材料的收缩和徐变变形等）以及环境作用（阳光、雷雨和大气污染作用等）。结构失效将带来生命和财产的巨大损失。因此在设计中对结构有最基本的功能要求。

对结构的基本功能要求是：可靠、适用、耐久，以及在偶然事故中，当局部结构遭到破坏后，仍能保持结构的整体稳定性。也就是说，结构在设计要求的使用期内，在各种可能出现的荷载作用下要有足够的承载能力，不产生倾覆或失稳、不产生过大的变形或裂缝，能保证结构正常使用。即使发生偶然事故，个别构件遭到破坏或结构局部受损，也不致造成结构的整体倾覆或倒塌，使损失控制在局部范围内。

结构工程师已经掌握了有关力学、材料、结构和施工等各方面的有关知识，对已经颁布的各种规范、规程也已了解并能应用，只要正确运用这些知识，遵守相关规程，要保证结构的安全可靠、适用和耐久似应不会有什么问题。为什么还要介绍"概念设计"呢？"概念设计"首先由华裔美籍著名的土木工程专家林同炎先生明确提出，并出版了专著。这一提法立即得到了广大建筑工程专家（包括建筑师和结构工程师）的认同。究其原因，大约有两个方面。一般的结构计算和构件设计是从单体上、技术细节上考虑问题的，好比一个战役中的"战术问题"；而概念设计是从结构形式及其总体布置、传力系统上加强总体分析研究，从宏观上处理问题，好比一个战役中的"战略问题"。如果宏观决策失误，则技术细节上考虑再细，也难免会产生不成功的作品。所以概念设计至关重要。

另一方面，随着时代的进步，建筑功能愈趋复杂多样，一个大型建筑物要由多方面的专门人才来完成，其设计、建造的程序较多，时间也会拖得较长。其间业主首先会征求建筑方案，这时没有时间也没有必要去进行详细的技术设计和细节计算，结构工程师必须从宏观上提出结构方案，使建筑方案得以合理地实现，这就需要概念设计。此外，从整体上、宏观上去构思结构，往往会激发出创新的火花，而只局限于具体设计计算，则可能舍本求末而成为高级计算工具。概念设计不仅对结构工程师很重要，对建筑师的创作也是很重要的。

本书的目的主要是将力学、建筑和结构等方面进行一些沟通工作。建筑师应充分了解各种结构形式的基本力学特点、应用范围以及施工中必须采用的设备和技术措施，尽可能掌握一些基本的结构概念。尤其在高层建筑和大跨度建筑设计中，掌握结构概念显得尤其重要。对于结构工程师，也应具备必要的建筑设计知识，在建筑设计的方案阶段，主动考虑并提出最适宜的结构体系方案，使之与建筑功能和造型有机结合，才能使建筑结构达到完美的统一。

1.2　杆件的基本受力状态

任何复杂的工程结构，都是由一些基本的构件组合而成的。尽管构件的形式多种多样，但大致可以归纳为以下几种类型：

（1）线形构件　如直杆（拉杆或压杆）、梁、柱等，曲杆则有曲梁、拱等。由杆件联结可以组成桁架、刚架、网架等结构。

（2）面形构件　平面如板、墙，曲面则为壳（空间曲面结构）。由面构件可以组成剪力墙、楼盖、贮仓、筒体等结构。

（3）实体结构　如水库之重力坝、桥墩，重力式挡土墙，大体积混凝土基础等。

（4）只能受拉的构件，如悬索、薄膜等。

以上各类结构构件，以线形、面形构件应用最为广泛，尤其是线形构件组成的结构几乎占了总体结构的一半以上，这类结构的分析方法在大专院校的材料力学和结构力学课程中介绍也最详细。对于面形及三维实体结构，其分析涉及弹性力学，比较复杂。在实用中，尤其在概念设计中，可以灵活运用杆件力学的正确概念和分析方法，对复杂的面形及空间结构作出可靠的定性分析，以便正确地选型。因此，在此我们首先回顾一下杆件的基本受力状态。杆件的基本受力状态有五种：拉伸、压缩、弯曲、剪切、扭转。

一般构件的受力状态都可分解为这几种基本受力状态；反之，由这五种基本受力状态，可以组合成各种复杂的受力状态。为此，加深对这五种基本受力状态（图1-1）的理解和体会是重要的。

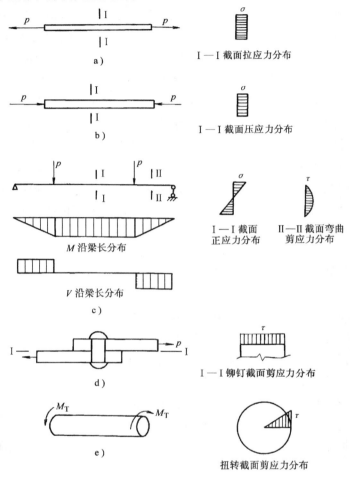

图1-1 构件基本受力状态

1. 轴心受拉

轴心受拉是最简单的受力状态，不论截面形状如何，只要外力通过截面中心，截面上各点受力均匀，即截面上的应力是均匀分布的，材料强度就可以被充分利用。轴力作用下的应力可表达为

$$\sigma = \frac{N}{A} \tag{1-1}$$

式中　N——轴力设计值；

　　　　A——拉杆截面积；

　　若材料的抗拉强度设计值为 f_y，则杆件所能承受的轴力可表达为：

$$N \leqslant A f_y \tag{1-2}$$

　　可见，对于适合抗拉的材料（如钢材），轴心受拉是最经济合理的受力状态。

　　目前，我国生产的高强钢丝强度已达 $1860 \mathrm{N/mm^2}$，1 根 $7\phi5$ 钢绞线的截面面积为 $139 \mathrm{mm^2}$，还没有手指头粗，而其最大负荷可达 259kN。目前又研发出一种新型的碳纤维材料，其抗拉强度更高，现也已开始用于土建结构，尤其是加固工程。

2. 轴心受压

　　轴心受压与轴心受拉相比，截面应力状态完全相同，截面上应力分布均匀，只是拉压相反。对于适合受压的材料（如混凝土、砌体以及钢材等）也是很好的受力状态。但受压构件较细长时会有稳定问题，偶然的附加偏心会降低构件承载力，甚至引起失稳。其抗压承载力 N 可表达为

$$N \leqslant \varphi A f \tag{1-3}$$

式中　N——压杆的压力设计值；

　　　A——压杆截面面积；

　　　f——材料抗压强度设计值；

　　　φ——随杆件长细比 λ 增大而减小的强度折减系数；λ 值越大，则折减越多。

　　长细比是指构件的计算长度 H_0 与回转半径 i 的比值，即

$$\lambda = H_0 / i \tag{1-4}$$

　　这里，杆件计算长度不一定等于杆件实际长度 l。对于两端铰支的构件，$H_0 = l$，对于两端嵌固的构件 $H_0 = 0.5l$，对于悬臂构件 $H_0 = 2l$，对于一端固定，一端铰支的构件，可取 $H_0 = 0.7l$。

$$i = \sqrt{\frac{I}{A}} \tag{1-5}$$

式中　I——截面惯性矩，$I = \displaystyle\int_A y^2 \mathrm{d}A$；

　　　A——截面面积。

　　可见，为了使系数 φ 增大，则 λ 要小，对于受压钢构件，一般应使 $\lambda \leqslant 150$，次要构件可控制在 $\lambda = 200$ 以内。对于钢筋混凝土受压构件，宜使 $\lambda \leqslant 100$，这时，φ 值在 0.5 左右，λ 过大就不经济了。要使 λ 小，则应使 i 增大，而同样截

面为 A 的构件，若 I 大则 i 也大。故对于受压构件，同样截面的材料，中空圆管的 I 比实心圆棒的 I 要大，工字形截面主轴方向的 I 比实心矩形的 I 要大，箱形截面的 I 比实心矩形截面的 I 大。

截面的两个方向（x 轴与 y 轴方向）的 I 不一定相同，轴心受压构件的失稳总在截面回转半径小的方向发生，所以对于轴心受压构件取环形截面、箱形截面较为合理。对于偏心受压构件，则易在偏心方向失稳，所以应该使轴力偏心方向的回转半径大一些（即 i 要大）。

混凝土及砌体结构以其抗压强度较高但成本低而广泛用于受压构件。

3. 弯和剪

弯和剪往往同时发生，工程中纯弯或纯剪的情况很少。以中间受两个大小相等的集中力的简支梁为例，跨中弯矩最大，在两集中荷载间为纯弯曲段，剪力为零，支座附近弯矩很小；而剪力是支座附近最大，跨中为零。内力 M 和 V 沿构件长度分布是不均匀的。

在弯矩 M 作用下，截面正应力的分布规律可表达为

$$\sigma = \frac{M}{I} y \tag{1-6}$$

式中　σ——截面正应力；

　　　M——截面上作用的弯矩；

　　　I——截面惯性矩，$I = \int_A y^2 \mathrm{d}A$；

　　　y——所求应力点离中和轴的距离。

从式（1-6）可见，截面上、下边缘离中和轴最远处正应力最大，截面中间部分应力很小，材料强度不能充分利用。若用圆木做梁，圆截面最宽的部分应力很小，不能充分利用材料，而在应力最大的截面上、下边缘，宽度反而较小，可见用圆木做梁是很不经济的。工字型截面的上、下翼缘较厚，腹板较薄，作为受弯构件就比较合理。对于钢筋混凝土受弯构件，受拉区混凝土的抗拉能力可以忽略，由钢筋来承担拉力，可见受拉区混凝土不仅强度不能被充分利用，而且由于自重较大，还成了自身的负担。所以对于较大跨度的钢筋混凝土梁，应该做成 T 形截面或工字形截面。

剪力在截面上引起的剪应力分布也是很不均匀的，根据材料力学知识，剪应力沿截面高度的分布规律可表达为

$$\tau = \frac{VS}{I\,b} \tag{1-7}$$

式中　τ——剪应力；

　　　V——截面剪力；

　　　I——截面惯性矩；

　　　b——截面宽度；

　　　S——所求应力点以上部分截面的静力矩。

由此可见，剪应力在截面中和轴处最大，截面上、下边缘为零。

对于矩形截面梁，无论受弯或受剪，截面上材料强度都不能充分利用。由于弯矩 M 和剪力 V 沿构件长度分布也不同，弯矩 M 跨中最大，支座处为零；而剪力支座处最大，跨中为零。所以对于等截面受弯或受剪构件，材料的利用率比压或拉杆要差得多。当然，做成 T 形或工字形截面相对要合理一些。无论从承载力或刚度考虑，适当提高截面惯性矩是合理的。

4. 剪切

剪切作为一种基本受力状态，在构件连接中常见。如钢结构中的螺栓、铆钉连接，贴角焊缝，组合构件中的栓钉，木结构中的榫接及机械中的销、键连接等。

当杆件受到一对大小相等、方向相反而作用线又很相近的横向力作用时，杆件主要发生剪切变形，截面上分布剪应力。剪切面上的剪应力分布规律比较复杂，实用上常假定为均匀分布，即

$$\tau = \frac{V}{A} \tag{1-8}$$

式中　V——剪切面上的剪力；

　　　A——剪面的面积。

5. 扭转

各种受扭变形的构件，都可简化为在垂直于杆轴线的平面内，作用着一对大小相等、方向相反的力偶。由材料力学推导可知，圆形截面的剪应力可按下式计算：

$$\tau = \frac{M_{\mathrm{T}}}{I_{\mathrm{p}}} r \tag{1-9}$$

式中　M_{T}——作用于截面的扭矩；

　　　I_{p}——截面的极惯性矩，$I_{\mathrm{p}} = \int_A \rho^2 \mathrm{d}A$；

　　　ρ——剪应力计算点到圆心（扭转中心）的距离。

由式（1-9）可知，受扭时由截面上成对的剪应力组成力偶来抵抗扭矩，截面剪应力边缘大，中间小；截面中间部分的材料受剪应力小，力臂也小。计算和

试验研究表明，空心截面的抗扭能力和相同外形的实心截面十分接近。受扭构件以环形截面为最佳，方形、箱形截面也较好。例如，电线杆在安装电线过程中拉力不对称，可能形成较大的扭矩，所以一般都采用离心法生产的钢筋混凝土管柱，因为环形截面对抗扭是合理的。

综上所述，可以看出轴心受拉是最合理的受力状态，尤其对高强钢丝等抗拉强度高的材料特别合理。目前悬索、悬挂结构的应用日益广泛，就是应用了轴拉的合理受力状态。在悬挂式房屋建筑中，采用高强度钢绞线组成的拉索，截面很小，甚至可以隐蔽在窗框内，这样可以为人们提供十分开阔的视野；轴压虽然要考虑适当采用回转半径较大的截面形式，由于其截面材料得以较充分利用，也是很好的受力状态，尤其对像石材、混凝土、砌体等抗压强度较高而抗拉强度很差的材料。这类材料一般可就地取材，价格较低。例如石拱桥，充分利用了石材抗压的特点，使结构经济合理。弯和剪也是常见的受力状态，但对截面材料的利用不充分，这种受力状态在工程中不可避免，因此选用合理的截面形式和结构形式就很重要。对于较大跨度的梁，如果改用桁架，梁中的弯矩和剪力便改变为桁架杆件的拉、压受力状态，材料便可得以充分利用。桁架和梁相比，可节省材料，自重将减轻许多，因而也就可跨越更大的跨度。扭转是对截面抗力最不利的受力状态，工程中应尽量避免结构处于受扭状态。可通过采用合理的结构布置，并选用合理的截面形式以减少构件受扭。

1.3　杆件的刚度和变形

力作用于物体产生两种效果：一是运动，二是变形。在建筑结构中则主要是产生变形。变形可以是位移（线位移）、转角（角位移），应变、曲率等。结构的极限状态分为两大类：承载力极限状态及正常使用极限状态。而正常使用极限状态的满足，主要是要控制建筑结构的变形在一定的限度以内。与变形密切相关的术语是刚度。刚度是产生单位变形所需要的力，这里的力是广义的，包括轴力、弯矩、剪力或扭矩。下面按基本受力状态介绍杆件的刚度与变形。

1. 截面的轴向刚度 EA 及轴向应变 ε

对于均匀受轴向荷载（拉或压），由弹性定律（胡克定律），应变 ε 与应力 σ 成正比，即

$$\sigma = E\varepsilon \tag{1-10}$$

而

$$\varepsilon = \frac{\Delta}{l} = \frac{\sigma}{E} = \frac{N}{EA}$$

或
$$N = \frac{EA}{l}\Delta$$

所以
$$EA = \frac{N}{\varepsilon} \tag{1-11}$$

式中　N——轴向力；

　　　Δ——杆件变形（伸长量或压缩量）；

　　　l——杆件长度；

　　　E——杆件材料的弹性模量；

　　　A——杆件截面面积。

其中 EA 为使截面发生单位应变（$\varepsilon = 1$）时所需的轴向力，称为轴向刚度。

2. 截面的抗弯刚度 EI 及弯曲变形 $\dfrac{1}{\rho}$

弯曲变形是由弯曲引起构件截面转动的结果，通常由截面曲率 $\dfrac{1}{\rho}$ 表示，对于纯弯构件，则有

$$\frac{1}{\rho} = \frac{M}{EI} \qquad 或 \qquad EI = \frac{M}{\dfrac{1}{\rho}} \tag{1-12}$$

式中　M——截面上的弯矩；

　　　I——截面惯性矩；

　　　$\dfrac{1}{\rho}$——构件变形后截面的曲率；

　　　ρ——构件变形后截面的曲率半径。

由上可见，EI 是使截面产生单位曲率 $\dfrac{1}{\rho} = 1$ 所需要的弯矩，称为抗弯刚度，也可称为弯曲刚度。

3. 扭转刚度 GI_{p} 和扭转角 φ

圆截面受扭矩作用后，产生扭转变形，以扭转角 φ 来衡量。由材料力学可知，扭转角的计算公式为

$$\varphi = \frac{M_{\mathrm{T}} l}{GI_{\mathrm{p}}} \tag{1-13}$$

或
$$GI_{\mathrm{p}} = \frac{M_{\mathrm{T}}}{\dfrac{\varphi}{l}} \tag{1-14}$$

式中　M_{T}——截面上的扭矩；

G——杆件材料的切变模量；

I_p——截面极惯性矩；

l——杆件长度。

其中，GI_p 为截面抵抗扭转变形的能力，GI_p 越大，φ 就越小，产生单位扭转变形（$\varphi / l = 1$）所需的扭矩称为截面抗扭刚度或扭转刚度。

4. 截面剪切刚度 GA 及剪应变 γ

由材料力学可知，剪应力与剪应变成正比，即

$$\tau = \frac{V}{A} = G \gamma \tag{1-15}$$

或

$$GA = \frac{V}{\gamma} \tag{1-16}$$

式中　V——截面剪力；

G——材料的切变模量；

γ——剪力引起的剪切应变。

由式（1-16）可知，GA 为使截面产生单位剪切应变所需的剪力，称为剪切刚度，也可称为抗剪刚度。

以上介绍的是杆件截面的刚度与变形。在土建结构中要控制的是构件的位移或结构的位移（广义位移，包括线位移、角位移、扭转角）。由结构力学可知，对于构件在特定荷载下沿指定方向的广义位移是由弯曲变形、剪切变形、轴向变形和扭转变形引起的变形之和。用虚功原理可以推导出其表达式为

$$\Delta = \int_0^l \frac{M_1 M_p}{EI} \mathrm{d}x + \int_0^l \frac{V_1 V_p}{GA} \mathrm{d}x + \int_0^l \frac{N_1 N_p}{EA} \mathrm{d}x + \int_0^l \frac{M_T M_{T1}}{GI_p} \mathrm{d}x \tag{1-17}$$

式中　EI、GA、EA、GI_p——构件截面的弯曲刚度、剪切刚度、轴向刚度和抗扭刚度；

M_1、V_1、N_1、M_{T1}——沿指定位移方向上作用单位力引起的构件弯矩、剪力、轴力和扭矩；

M_p、V_p、N_p、M_T——荷载引起的构件弯矩、剪力、轴力和扭矩。

在建筑结构中，对于梁、柱这样的杆件，以弯曲变形为主，一般只要考虑第一项，即弯曲变形产生的位移；对于剪力墙、深梁或短梁（牛腿）则还应考虑前二项，即弯曲变形与剪切变形的影响；对于超高层房屋，宜加上轴力的影响，至于扭转的影响只在少数特殊受扭构件中才考虑，一般构件应避免扭转。由式（1-17）可知，要减小构件或结构位移，则要选择 E、G 大的材料，截面形式应尽量使 I、I_p 大一些。由于建筑结构材料大多为钢、混凝土、砌体几种，E、G

选择余地不大；而同样截面面积的材料，I、I_p 的大小因截面形式的不同却会有很大的差别，这方面为设计师提供了发挥才能的空间。

1.4　建筑美观和结构合理协调的例子

【例1-1】　艾菲尔铁塔

著名的巴黎艾菲尔铁塔（如图 1-2），原设计是为 1889 年巴黎博览会建造的标志性建筑，高 320m，用钢 9000t，它不仅满足了展览功能，并且以其造型优美、结构合理、建筑与结构的完美统一而被世人称颂，一直保留至今。因为主持建造的是结构工程师，他首先注意的是结构受力合理，按当时的技术水平，要建造当时世界最高的建筑物还是十分不容易的，如果采用不合理的结构就建不起这么高的建筑。而当时有些建筑师还有些不够认同。经历了风雨沧桑，已为世所公认，也得到广大建筑师的赞许。从力学方面分析，铁塔可看成是嵌固在地基上的悬臂梁，对于高耸入云的铁塔来说，风荷载将是其主要荷载。由于铁塔的总体外形与风荷载引起的弯矩图十分相似，因此充分利用了塔身材料的强度和刚度，受

图 1-2　艾菲尔铁塔

力非常合理；塔身底部所设大拱，轻易地跨越了一个大跨度，车流、人流在塔下畅通无阻，更显铁塔的雄伟壮观。艾菲尔铁塔可谓建筑美观与结构合理完美统一的代表，人们一看到铁塔，就会想起巴黎，想起法国；一提到法国马上会想起艾菲尔铁塔。如今它已成为巴黎和法国的象征。

【例1-2】 高层结构体系的发展

高层建筑是社会经济发展和科技进步的产物。随着大城市的发展，城市用地紧张，市区地价日益高涨，促使了近代高层建筑的出现，电梯的发明更使高层建筑越建越高。宏伟的高层建筑是经济实力的象征，具有重要的宣传效应，在日益激烈的商业竞争中，更扮演了重要的角色。20世纪是高层建筑跨时代的发展阶段。20世纪初，在美国建成了许多高层、超高层建筑。目前，东南亚、尤其是中国已经建造了很多高层建筑，有一些在高度排名上已居世界前列。

高层建筑除了承受重力为主的竖向荷载外，还要承受风及地震的水平荷载。如何有效地抵抗水平荷载是高层建筑结构首先要考虑的。早期的高层建筑一般采用传统的框架结构。例如：1931年在纽约曼哈顿岛的中心区建成了著名的帝国大厦（Empire State Building），大厦共102层，高381m（楼顶塔尖高448m），创造了建筑史上的奇迹。帝国大厦的建筑高度作为世界记录保持达42年之久。1966年开始动工的世界贸易中心为两幢外形相同的方形塔楼，于1973年4月建成，地面以上110层，高412m，每幢大楼底面为63.5m×63.5m的正方形。塔楼采用筒中筒结构体系，受力比框架合理，刚度更大，结构用钢量约为160kg/m²，比采用框架体系的帝国大厦节省约20%，降低了结构造价。纽约世界贸易中心不仅在建筑高度上突破了帝国大厦保持了42年的世界记录，更以其规模和在世界贸易中的地位一度成为纽约市的地标性建筑。可惜此双塔楼在2001年的"9.11"恐怖袭击中毁于一旦。

世界贸易中心大楼的建筑高度纪录只保持不到一年，1974年美国芝加哥市建成了西尔斯大厦（Sears Building），大厦110层，高443m（包括天线高500m），底层平面为68.6m×68.6m的正方形，由于框筒边长过大，为减少剪力滞后现象，采用了将大框筒分为9个小框筒的筒束体系，小框筒为22.9m×22.9m的正方形，向上在50层、66层和90层分别减少2~3个小框筒，最后剩两个小框筒到顶（如图1-3）。框筒密柱采用H形截面，柱截面底层

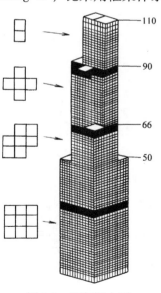

图1-3 西尔斯大厦

为 1070mm×609mm×102mm（高×宽×厚），向上逐渐分段减小，顶层柱截面为 1070mm×305mm×19mm。设计总用钢量为 7.6 万 t，平均用钢量约为 150kg/m²，比高度低约 30m 的世界贸易中心大楼还少 10kg/m²，可见合理的结构体系，对超高层建筑是十分重要的。

【例1-3】 意大利佛罗伦萨运动场看台

这是一个钢筋混凝土的梁板结构，雨篷的挑梁伸出 17m（见图 1-4a），它的弯矩图是二次抛物线，如图 1-4b 所示，建筑师把挑梁的外形与其弯矩图统一起来，但又不是简单的统一。建筑师利用混凝土的可塑性对挑梁的外轮廓做了艺术处理，在挑梁的支座附近开了一个孔，这样既减轻了结构自重，受力也合理了，同时获得了很好的艺术效果。

这个建筑，直接地显示了结构的自然形体，进行了恰如其分的艺术加工，而又未做任何多余的装饰，使结构的形式与建筑空间艺术形象高度地融合起来，形态优美，轻巧自然，给人们以建筑美的感受。

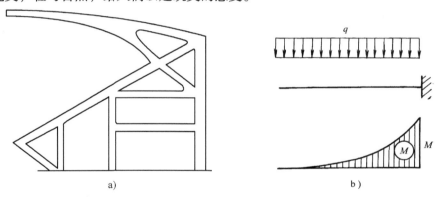

图 1-4　佛罗伦萨运动场大看台

a）看台框架结构示意图　b）顶篷悬臂梁弯矩图

这个例子说明，建筑物的重量感、重量的传递与其支承的关系可以成为建筑艺术表现力的重要源泉。

【例1-4】 电厂的冷却塔

人们在世界各地的火电厂附近常见到双曲抛物面薄壳构成的钢筋混凝土冷却塔（图 1-5），其功能是要冷却汽轮机中被加热了的冷却水。众所周知，汽轮机的效率和进汽温度与出汽温度之差有关，温差越大，效率越高，所以要用水来冷却汽轮机。冷却水被加热后，用管道送到冷却塔顶部喷洒下来，并通过滴水板尽量延长热水下落的路程，同时冷空气从冷却塔下部进入塔内，与热水进行热交换，被加热的冷空气体积膨胀，容重减轻，缓缓上升。双曲抛物面冷却塔塔身中部略细，加速了空气上升速度，形成上拔力，加速空气流动。到塔身上部，上升的空气被继续加热，体积更加膨胀，此时，上部塔身略为放宽，减少了上升空气的阻力，有利于空气流动。可见，双曲抛物面薄壳冷却塔在冷却工艺上是很合理的。从结构的角度看，圆形平面与矩形平面相比风荷载可减少约30%，塔身下部外形与风荷作用下的弯矩图相似，受力非常合理。

图 1-5　双曲抛物面冷却塔

建筑外形也有特点，人们一见双曲面冷却塔，就可判断，该区极可能有一个火力发电厂。

第 2 章

结构设计中的总体问题

建筑工程设计一般分三个阶段，即方案阶段、初步设计阶段和施工图设计阶段。在设计过程中各专业要密切配合，以满足建筑、结构、设备等各方面的要求。其中，建筑与结构的配合尤为关键。

方案阶段在建筑方面主要是在总体规划范围内对房屋的功能分区、人流组织、房屋体型、体量、立面、总体效果等提出设计方案。在方案阶段，结构设计人员要根据建筑设计方案提供结构方案，以求结构体系和建筑方案协调统一。在此基础上要对总体结构进行初步估算，以保证总体结构稳定可靠、结构合理，总体变形控制在允许范围内。总的来说，是要保证结构的可行性和合理性，至于结构的具体设计可放在以后进行。为此，首先要对结构所受的荷载做出估计，以估算结构的总承载力、地基承受的总荷载，验算总体结构的高宽比和倾覆问题，初步估算房屋的总体变形，以及结构总体系的布置方案。

初步设计是对方案的完善和深化，对结构设计来说，初步设计阶段要给出结构布置图，进行结构内力分析，初步估算出主要结构构件的截面尺寸。

施工图阶段对结构设计人员来说主要是进行详细的结构分析、截面选择、配筋计算以及有关的构造设计，以保证结构构件有足够的承载力和刚度，考虑结构连接等细节设计以保证各结构构件间有可靠联系，使之组成可靠的结构体系，最后给出施工图纸。

本书讨论结构概念及选型，因而主要介绍方案阶段的结构总体问题，此时各结构构件尚未设计出来，各构件的连接构造也尚未最终确定，在考虑结构总体问题时可假定结构为某种类型的整体构件，对其进行总体荷载及内力估算，如果遵循一定的力学与结构规律，则对房屋总体估算不会引起明显偏差。

关于力学方面的规则是力系（内、外力）要平衡，变形要协调。结构方面的主要规则是要选择合适的结构，将作用在结构上的荷载或作用传到地基上去，而在力的传递过程中所经过各构件的截面上的内力或应力不能超过截面材料允许的强度或构件的承载力。结构刚度要保证结构变形控制在限定范围内。

2.1 荷载的种类及估算

2.1.1 荷载的分类

使结构产生内力和位移效应的一切外因，通称为荷载或作用。习惯上把自重、活荷载以及风雪等直接施加于结构的外因，称为荷载；而把沉降、温差、地震等引起结构内力效应的间接外因，称为作用。这些荷载或作用可以分为三类。一类是永久作用，例如结构自重，其荷载值及作用位置几乎不变；第二类是可变作用，例如使用活荷载、风荷载、雪荷载等，其荷载值和作用位置、方向等经常变化；第三类是偶然作用，例如地震或其他偶然事件引起的作用。这些偶然作用往往很少出现且作用时间很短，但一旦出现，其作用力的值很大。这三类作用由于其值的大小不同，以及作用力持续时间的不同，对建筑结构的影响及造成的后果也不一样。永久作用力作用的时间很长，会引起结构材料的徐变变形，使结构构件的变形和裂缝增大，引起结构的内力重分布；可变作用由于时有时无，时大时小，有时其作用位置也会发生变化，可能对结构各部分引起不同的影响，甚至产生完全相反的作用效应，所以，设计中必须考虑其最不利组合作用的影响；偶然作用由于其作用时间很短，材料的塑性变形来不及发展，其实际强度会提高一些。另一方面，由于瞬时作用，结构的可靠度可以取得小一些。

各种荷载或作用的大小，与建筑物所在地区、所用材料、使用状态以及时间等多种因素有关，而这些因素往往是随机的。因此，设计中要解决荷载的代表值问题。我国采用半概率半经验的方法，确定了结构在使用期间，正常情况下在设计基本期（如50年）内可能出现的最大荷载值，称为荷载或作用的标准值。将荷载标准值乘以大于1的荷载分项系数 γ 后，称为荷载设计值。常见荷载的标准值可以从我国现行《建筑结构荷载规范》（GB 50009—2012）中查到。

此外，荷载按作用有无动力作用分为静荷载与动荷载。如风荷载，地震作用等均有动力作用，但在方案设计阶段，可按等效静力作用考虑。按作用方向分，荷载又可分为水平荷载和竖向荷载。在建筑结构设计的方案阶段，一般要总体估算竖向作用荷载和水平作用荷载，以便选择结构方案。

2.1.2 竖向作用力的估算

在一般工业与民用建筑中，竖向荷载主要是重力荷载，包括结构的自重及民用建筑中的使用活荷载。

结构自重是一种永久作用力，通常称为恒载。恒载很容易计算，即构件或构造层的体积乘所用材料的单位重（或其面积乘每平方米单位重）；常用材料和建筑构造层做法的单位重如表2-1（详细可查阅《荷载规范》）。

表2-1　常用材料和建筑构造做法的单位重

常用材料/（kN/m³）		常用建筑构造做法/（kN/m²）	
钢筋混凝土	25	水泥瓦屋面	0.55
普通浆砌机砖砌体	19	油毡防水层（六层做法）	0.35
石（花岗岩、大理石）	28	天棚吊顶（木板～抹灰）	0.25～0.55
木材	6	墙面抹灰（粉刷～水磨、水刷石）	0.35～0.55
钢材	78.5	水磨石地面	0.65
水泥砂浆	20	门窗（木～钢）	0.25～0.45

恒载计算公式简单，但要一个构件一个构件计算起来是很繁琐又很费时的工作。

在方案设计阶段，把建筑物看成一个整体时，可以根据平均的楼面荷载来估算建筑物的自重（包括楼板、屋盖、建筑构造层、柱、墙、隔断等）。作为近似估算，每平方米建筑面积上的建筑物恒载部分可作如下假设（指标准值）：

木结构建筑物　5～7kN/m²

钢结构建筑物　6～8kN/m²

单层、多层钢筋混凝土和砌体结构建筑物　9～11kN/m²

钢筋混凝土高层建筑　15kN/m²

这些取值是粗略的估计，可能与实际情况有出入，但一般在确定建筑或结构主体方案时是很有用的。比如，对中低层建筑取 10kN/m²，高层取 15kN/m²，虽然粗糙一些，但也可供估算之用了。

$$W = \sum_{i=1}^{n} q_i \cdot A_i \cdot n_i \qquad (2-1)$$

式中　A_i——相同荷载 q_i 的楼层面积；

n_i——相同荷载 q_i 的楼层层数；

q_i——由统计资料提供的某类房屋的楼面折算荷载值，可取上面介绍的值。

民用建筑的楼面上以及某些工业建筑的使用活荷载，在《荷载规范》中也可查到。

各种类别的民用建筑物和某些工业建筑物的楼面活荷载，均已在《荷载规范》中列出。如：

住宅、旅馆、办公楼　　　　2.0kN/m²

教室、会议室、一般试验室　2.0kN/m²

商店、车站候车室　　　　　3.5kN/m²

一般光学仪器仪表装配车间　4.0kN/m²

有了荷载作用的大小，如果在方案设计中选定了结构方案，则可按静力分配的原则估算梁、柱、墙上的荷载。所谓静力分配，对均布荷载来讲，即对柱（或墙）按中到中划分，荷载按承力面积计算而不考虑板的连续性。

例如，图 2-1 所示一平面尺寸为 16m × 24m 的 10 层建筑物，假设施加在每一单位建筑面积上的平均恒、活荷载标准值，分别为 10.0kN/m² 和 2.0kN/m²，则整个建筑物总重力荷载为

$$G = (10.0 + 2.0) \times 16.0 \times 24.0 \times 10kN = 46080kN$$

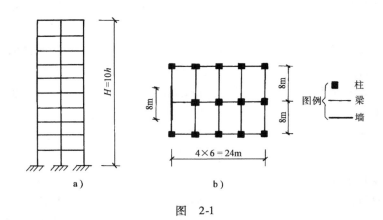

图　2-1

作用在横向中间梁上的线分布竖向荷载集度值应为

$$(10.0 + 2.0) \times 6.0kN = 72kN/m$$

作用在纵向中间梁上的线分布竖向荷载集度值应为

$$(10.0 + 2.0) \times 8.0kN = 96kN/m$$

一个底层中柱所受的竖向力

$$= (10.0 + 2.0) \times 6.0 \times 8.0 \times 10kN = 5760kN$$

一个底层长边中柱承受的竖向力

$$= (10.0 + 2.0) \times 6.0 \times 4.0 \times 10kN = 2880kN$$

一个底层右角柱承受的竖向力

$$= (10.0 + 2.0) \times 3.0 \times 4.010kN = 1440kN$$

一个底层左角柱承受的竖向力

$$= (10.0 + 2.0) \times 2.0 \times 3.0 \times 10\text{kN} = 720\text{kN}$$

底层左边端墙承受的竖向力

$$= (10.0 + 2.0) \times 12.0 \times 3.0 \times 10\text{kN} = 4320\text{kN}$$

有了轴向荷载，可以根据材料强度及轴压比来确定墙柱的截面尺寸。轴压比 μ_N 是指柱组合的轴力设计值与柱的全截面面积和混凝土强度设计值乘积之比。轴压比直接影响墙、柱破坏时的延性性质。故有关设计规范根据房屋的结构类型、抗震设防烈度及抗震等级规定了相应的轴压比限值 $[\mu_N]$，设计中应严格遵照执行。以现浇钢筋混凝土框架结构为例，按有关规范，其相应的抗震等级及柱轴压比限值 $[\mu_N]$ 见表 2-2。

表 2-2 现浇钢筋混凝土框架结构的抗震等级和轴压比限值

框架房屋高度/m	地 震 烈 度				
	7°		8°		9°
	≤35	>35	≤35	>35	≤25
抗震等级	三级	二级	二级	一级	一级
轴压比限值 $[\mu_N]$	0.9	0.8	0.8	0.7	0.7

规范要求

$$\mu_N = \frac{N}{A_c f_c} \leq [\mu_N] \tag{2-2}$$

式中 μ_N——框架柱的轴压比；

      A_c——柱截面面积；

      f_c——混凝土的轴心抗压强度设计值。

表 2-3 混凝土强度等级

混凝土强度等级	C20	C30	C40	C50	C60
$f_c /(\text{N/mm}^2)$	9.6	14.3	19.1	23.1	27.5

不同类型砌体结构的强度等级列于表 2-4 ~ 表 2-7。

表 2-4 烧结普通砖和烧结多孔砖砌体的抗压强度设计值（MPa）

砖强度等级	砂浆强度等级					砂浆强度
	M15	M10	M7.5	M5	M2.5	0
MU30	3.94	3.27	2.93	2.59	2.26	1.15
MU25	3.60	2.98	2.68	2.37	2.06	1.05
MU20	3.22	2.67	2.39	2.12	1.84	0.94
MU15	2.79	2.31	2.07	1.83	1.60	0.82
MU10	—	1.89	1.69	1.50	1.30	0.67

表 2-5　蒸压灰砂砖和蒸压粉煤灰砖砌体的抗压强度设计值（MPa）

砖强度等级	砂浆强度等级				砂浆强度
	M15	M10	M7.5	M5	0
MU25	3.60	2.98	2.68	2.37	1.05
MU20	3.22	2.67	2.39	2.12	0.94
MU15	2.79	2.31	2.07	1.83	0.82
MU10	—	1.89	1.69	1.50	0.67

表 2-6　单排孔混凝土和轻骨料混凝土砌块砌体的抗压强度设计值（MPa）

砌块强度等级	砂浆强度等级					砂浆强度
	Mb20	Mb15	Mb10	Mb7.5	Mb5	0
MU20	6.30	5.68	4.95	4.44	3.94	2.33
MU15	—	4.61	4.02	3.61	3.20	1.89
MU10	—	—	2.79	2.50	2.22	1.31
MU7.5	—	—	—	1.93	1.71	1.01
MU5	—	—	—	—	1.19	0.70

注：1. 对错孔砌筑的砌体，应按表中数值乘以 0.8；

　　2. 对独立柱或厚度为双排组砌的砌块砌体，应按表中数值乘以 0.7；

　　3. 对 T 形截面砌体，应按表中数值乘以 0.85；

　　4. 表中轻骨料混凝土砌块为煤矸石和水泥煤渣混凝土砌块。

表 2-7　轻骨料混凝土砌块砌体的抗压强度设计值（MPa）

砌块强度等级	砂浆强度等级			砂浆强度
	Mb10	Mb7.5	Mb5	0
MU10	3.08	2.76	2.45	1.44
MU7.5	—	2.13	1.88	1.12
MU5	—	—	1.31	0.78

注：1. 表中的砌块为火山渣、浮石和陶粒轻骨料混凝土砌块；

　　2. 对厚度方向为双排组砌的轻骨料混凝土砌块砌体的抗压强度设计值，应按表中数值乘以 0.8。

　　在手头查手册不方便时，对混凝土结构可取混凝土的强度等级号之半，例如 C50 取 25MPa，未定混凝土强度等级时可按 15 ~ 20MPa 估算，并考虑轴压比限值；对于砌体，则可按 2 ~ 3MPa 估算，钢材按 200 ~ 300MPa 估算。

2.1.3　水平作用力的估算

房屋的水平作用力有风荷载、地震力、土压力、水压力、起重机或其他车辆的制动力等。对于一般房屋，方案阶段的整体分析中最重要的水平作用力为风荷载和地震力。

1. 风荷载

在非地震区，风荷载是房屋所承受的主要水平力。在方案阶段的总体分析中，一般只需考虑作用在房屋的风荷载合力 H_W，它是作用在房屋迎风面及背风面上风荷载标准值的合力。要计算风荷载合力，首先要确定风压（单位面积上的风荷载值）。

对建筑物的风压值，是由基本风压乘以修正系数后得到的。基本风压，由各地气象站关于风速的统计资料按 50 年一遇的可能的最大风速推算得出。统计的风速是在空旷地段、10m 高处取 10min 的平均风速进行的。然后取风压公式 $\omega = v^2/1600$ 推定的。《荷载规范》规定可以按建筑所在地的统计风速进行风压计算。在没有统计资料时，可按《荷载规范》给出的全国基本风压分布图求得。例如北京为 $0.45kN/m^2$，上海为 $0.55kN/m^2$，广州为 $0.5kN/m^2$ 等。对高层建筑，要求按 100 年一遇的大风设计，这时可将基本风压乘以 1.1 的系数。

由基本风压可以求得风荷载标准值。

建筑物所处高度不可能恰好为 10m，周围地形不一定为空旷平坦，因而必须对基本风压进行修正。此外，前面推导的风速与风压的关系是基于自由气流碰到障碍面而完全停滞所得到的。但一般工程结构物并不能理想地使自由气流停滞，而是让气流以不同方式在结构表面绕过，因此实际结构物所受的风压还不能直接应用，而需对其进行修正，其修正系数与结构物的体型有关。

于是，当计算垂直于建筑物表面上的风荷载标准值时，可按下述公式计算：

$$\omega_k = \beta \cdot \mu_s \cdot \mu_z \omega_0 \tag{2-3}$$

式中　　ω_k——风荷载标准值（kN/m^2）；

μ_s——风荷载体型系数；

μ_z——风压高度变化系数；

ω_0——基本风压（kN/m^2）；

β——当计算主要承重结构时为高度 z 处的风振系数 β_z；当计算围护结构时为高度 z 处的阵风系数 β_{gz}。

关于高度修正系数。根据实测结果分析，平均风速沿高度变化的规律可用指数函数来描述，即

$$\frac{\bar{v}}{\bar{v}_s} = \left(\frac{z}{z_s}\right)^{\alpha} \tag{2-4}$$

式中　$\bar{v}$、z——任一点的平均风速和高度；

$\bar{v}_s$、z_s——标准高度处的平均风速和高度，大多数国家的基本风压都规定标准高度为 10mm；

α——与地貌或地面粗糙度有关的指数，地面粗糙程度越大，α 越大。

为应用方便，我国《建筑结构荷载规范》将地面粗糙度分为 A、B、C、D 四类，对每一类的风压高度系数列成表格，见表 2-8，可直接查用。

表 2-8　风压高度变化系数 μ_z

离地面或海平面高度/m	地面粗糙度类别			
	A	B	C	D
5	1.09	1.00	0.65	0.51
10	1.28	1.00	0.65	0.51
15	1.42	1.13	0.65	0.51
20	1.52	1.23	0.74	0.51
30	1.67	1.39	0.88	0.51
40	1.79	1.52	1.00	0.60
50	1.89	1.62	1.10	0.69
60	1.97	1.71	1.20	0.77
70	2.05	1.79	1.28	0.84
80	2.12	1.87	1.36	0.91
90	2.18	1.93	1.43	0.98
100	2.23	2.00	1.50	1.04
150	2.46	2.25	1.79	1.33
200	2.64	2.46	2.03	1.58
250	2.78	2.63	2.24	1.81
300	2.91	2.77	2.43	2.02
350	2.91	2.91	2.60	2.22
400	2.91	2.91	2.76	2.40
450	2.91	2.91	2.91	2.58
500	2.91	2.91	2.91	2.74
≥500	2.91	2.91	2.91	2.91

表中：A 类指近海海面和海岛、海岸、湖岸及沙漠地带；B 类指田野、乡村、丛林、丘陵及房屋比较稀疏的乡镇和城市郊区；C 类指有密集建筑群的城市地区；D 类指有密集建筑群且房屋较高的城市。

关于体型系数。房屋体型不同将直接影响风的方向和流速，改变风压大小。一般迎风面的风荷为压力，背风面的风荷载为吸力（μ_s 为负值），房屋受到的总的风荷载应为迎风面风荷载和背风面风荷载的叠加，即 $\mu_s = (\mu_{s1} - \mu_{s2})$，见图 2-2。

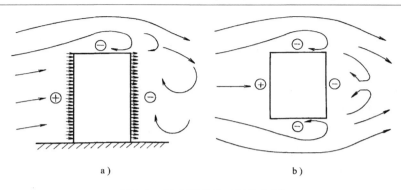

a)　　　　　　　　　　　b)

图 2-2　风吹形成的正压及负压

目前还没有对各类体型均适合的体型系数计算公式，我国学者对常见的各类建筑物作了系统的试验和分析，并参照国外的先进经验，对常见的房屋和构筑物的体型，给出了风载体型系数，列在《荷载规范》中，可直接查用。对于重要而特殊的建筑物，其体型系数应由风洞试验确定。规范给出的体型系数很多，下面仅给出一般的坡顶房屋和构筑物的体型系数。

风荷载除了引起房屋的倾覆以外，局部吸力也是引起房屋破坏的重要原因，尤其是对坡屋顶的破坏。

根据《建筑结构荷规规范》（GB 50009—2012）有关风载体型系数的规定，当屋面坡度 $\alpha = 30°$ 时，屋面风荷近似为 0；当 $\alpha > 30°$ 时，为压力；当 $\alpha < 30°$ 时，为吸力（图 2-3）。对于常见的坡屋面，一般 $\alpha < 30°$，可见屋面在风荷下通常承受吸力。有一个典型的工程实例，原设计为平屋顶，因屋面防水没有做好，经常发生漏水，后在平屋顶上用木梁改造为 $\alpha < 30°$ 的白铁皮屋面，在一次大风中这

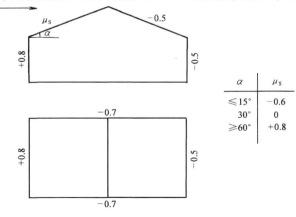

α	μ_s
$\leqslant 15°$	-0.6
$30°$	0
$\geqslant 60°$	$+0.8$

图 2-3　坡顶房屋的风载体型系数

个屋面被风荷载完整地吸起，吹翻到了马路上。原因很简单，后改造的木屋盖和铁皮屋面自重很轻，又没有和墙体拉结好，在风荷载吸力作用下被掀起。通常，房屋自重较大，对承受重力荷载有较大的承载力，但设计者往往忽视风荷载吸力的破坏作用，尤其是目前常用薄皮、膜作大跨度结构的屋面，这一点必须引起重视。

结构风压随高度变化的研究表明，由于地表摩擦的结果，使接近地表的风速随着离地面高度的减小而降低。只有离地面 300~500m 以上的地方，风才不受地表的影响，能够自由流动。而风压与风速的平方成正比，因而风压随高度的变化图，近似为二次抛物线形状，如图2-4所示。因此，可以将结构物所受的风载，近似地按抛物线计算：

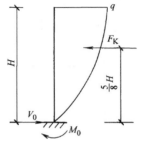

图2-4　风压随高度的变化

风压合力

$$F_K = \frac{2}{3}qH \tag{2-5}$$

楼底风剪力

$$V_0 = F_K \tag{2-6}$$

楼底风弯矩

$$M_0 = F_K \frac{5}{8}H \tag{2-7}$$

【例2-1】　一幢16层办公楼，高50m，平面 15m×30m，查得建筑所在地区基本风压值 $w_0 = 0.45\text{kN/m}^2$，高层建筑，考虑风振系数 $\beta = 1.70$，风压高度变化系数 μ_z 按 B 类地貌取50m高处 $\beta_z = 1.67$，试计算楼底的风剪力和风弯矩。

【解】　设风向沿结构刚度较弱的短向（图2-5），迎风面体型系数 $\mu_1 = 0.8$，背风面体型系数 $\mu_2 = -0.5$，则 $\mu_s = \mu_1 - \mu_2 = 0.8 - (-0.5) = 1.3$。$\mu_z = \mu_{50m} = 1.67$。

建筑物顶点的荷载线集度：

$$q = w_K \times 30 = \beta \mu_z \mu_s w_0 \times 30$$
$$= 1.7 \times 1.67 \times 1.3 \times 0.45 \times 30 \ \text{kN/m} = 49.82\text{kN/m}$$

风压合力　$F_k = \frac{2}{3}qH = \frac{2}{3} \times 49.82 \times 50 \ \text{kN} = 1660.8\text{kN}$

则楼底风剪力可取

$$V_0 = F_k = 1660.8\text{kN}$$

楼底风弯矩

$$M_0 = F_k \times \frac{5}{8}H = 1660.8 \times \frac{5}{8} \times 50\text{kN} \cdot \text{m} = 51900.5\text{kN} \cdot \text{m}$$

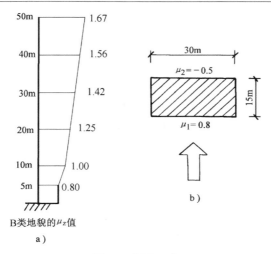

图2-5　【例2-1】

此题如按荷载规范规定的方法计算，结果误差可控制在 ±10% 以内。

如果手边没有手册可查，对于相当一部分城市的基本风压可按 $\omega_0 = 0.5 \text{kN/m}^2$ 估算，风沿高度变化到 50m 时增大 50%，到 100m 时增加一倍（按 B 类），风的体型系数可按迎风 +0.8，背风 -0.5，总的可按 $\mu_s = 1.3$ 计算，这些数据对于初步估算已经可以满足使用了。

2. 地震力 H_{eq}

地震力是地震时地面运动加速度引起的房屋质量的惯性力。设计中可近似认为建筑物的质量都集中在各层楼面标高处，地震力的大小与地震烈度、建筑物的质量、结构的自振周期以及场地土的情况等许多因素有关。通常地震时既有水平震动又有竖向震动，但一般房屋结构对竖向地震力有较大的承受能力，而水平地震力是引起结构破坏的主要原因，设计中主要考虑水平地震引起的惯性力的影响。通常建筑物顶部质量的惯性力最大，向下逐渐减小，地面及地面以下可以假设为 0。在方案阶段的总体分析时，一般只考虑房屋侧向地震力合力 H_{eq} 的作用效应（图 2-6）。

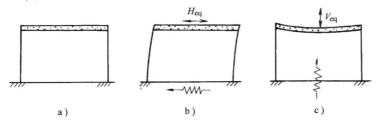

图 2-6　地面运动和地震荷载

$$F_{\mathrm{E}} = \alpha G \tag{2-8}$$

式中　G——房屋总重；

　　　α——与地震烈度、结构自振周期、场地土类别有关的地震影响系数。

（1）水平地震作用估算

对于一高度不超过 40m，以剪切变形为主，且质量与刚度沿高度分布比较均匀的多层建筑结构，可采用底部剪力法计算水平地震作用。

底部剪力法是指根据建筑物的总重力荷载，按下式计算出结构底部总剪力（等于总水平地震作用值）的计算方法：

$$F_{\mathrm{EK}} = \alpha_1 G_{\mathrm{eq}} \tag{2-9}$$

然后将此总水平地震作用，按照各层的重力大小 G_i 及所在高度 H_i，分配给各楼层，得到各楼层的水平地震作用 F_i：

$$F_i = \frac{G_i H_i}{\sum\limits_{j=1}^{n} G_j H_j} F_{\mathrm{EK}}, \ (i = 1, 2, \cdots\cdots, n) \tag{2-10}$$

式中　G_{eq}——结构的等效总重力荷载代表值，单质点取 G_{E}，多质点取 $0.85 G_{\mathrm{E}}$，

$$G_{\mathrm{E}} = \sum_{j=1}^{n} G_j，计算简图如图 2-7 所示；$$

　　　α_1——相应于结构基本自振周期 T_1 的水平地震作用影响系数 α；

　　　T_1——结构的基本自振周期。

地震影响系数

$$\alpha = \left(\frac{T}{T_{\mathrm{g}}} \right)^{0.9 \alpha_{\max}} \tag{2-11}$$

式中　T——结构自振周期；

　　　T_{g}——卓越周期，主要与场地有关；

　　　$\alpha_{\max}$——与地震烈度有关的地震影响系数最大值，取值见表 2-9。

其中，多遇地震 $\alpha_{\max}$ 用于结构计算，以保证小震不坏，中震可修；罕遇地震 $\alpha_{\max}$ 用于变形控制验算，以保证大震不倒。

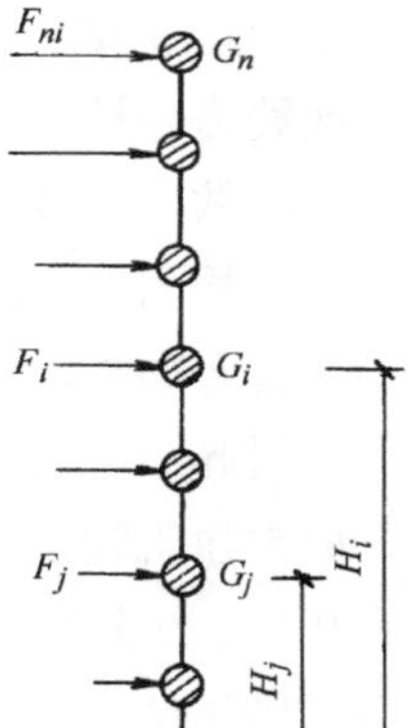

图　2-7

（2）结构自振周期计算

关于结构基本自振周期可用以下几种方式估算：经验公式、半经验半理论公式和有限元计算公式（近似于理论公式），均可作为概念设计估算之用。

1）经验公式。经验公式常针对特定类型的结构，局限性大，但应用方便简捷。

表 2-9　水平地震影响系数最大值（阻尼比 0.05）

地震标准	地震影响系数最大值 α_{max}			
	6 度	7 度	8 度	9 度
多遇地震	0.04	0.08	0.16	0.32
罕遇地震		0.50	0.90	1.40

多高层框架、框架—剪力墙结构，其经验公式为：

$$T_1 = 0.33 + 0.00069 \frac{H^2}{\sqrt[3]{B}} \tag{2-11a}$$

或

$$T_1 = (0.07 \sim 0.09)N \tag{2-11b}$$

式中　H、B——建筑物的总高、总宽；

　　　N——建筑物层数。

高层钢筋混凝土剪力墙结构，高度为 25～50m，剪力墙间距为 3～6m 的民用建筑：

横墙间距较密时：

$$T_{1横} = 0.054N \tag{2-12a}$$

$$T_{1纵} = 0.04N \tag{2-12b}$$

横墙间距较疏时：

$$T_{1横} = 0.06N \tag{2-13a}$$

$$T_{1纵} = 0.05N \tag{2-13b}$$

或

$$T_1 = 0.04 + 0.038 \frac{H}{\sqrt[3]{B}} \tag{2-14}$$

式中，H、B、N 的含义同上。

2）半经验、半理论公式

①多层及高层钢筋混凝土框架、框架—剪力墙结构。这类结构当重量和刚度沿高度分布比较均匀时，按等截面悬臂梁作理论计算，可得按顶点位移确定周期的计算公式：

$$T_1 = 1.7\alpha_0 \sqrt{\Delta_T} \tag{2-15}$$

式中　Δ_T——计算基本周期用的结构顶点假想侧移，即把集中在楼面处的重量 G_i 视为作用在 i 层楼面的假想水平荷载，按弹性刚度计算得到的结构顶点侧移（m）；

　　　α_0——基本周期的缩短系数。考虑非承重砖墙（填充墙）影响，框架取 $\alpha_0 = 0.6 \sim 0.7$，框架-剪力墙取 $\alpha_0 = 0.7 \sim 0.8$（当非承重填充墙较少时，可取 0.8～0.9），剪力墙结构取 $\alpha_0 = 1.0$。

②多层及高层钢筋混凝土框架结构（以剪切变形为主）。采用以能量法为基础得到的基本自振周期计算公式：

$$T_1 = 2\alpha_0 \sqrt{\dfrac{\sum\limits_{i=1}^{N} G_i \Delta_i^2}{\sum\limits_{i=1}^{N} G_i \Delta_i}} \qquad (2\text{-}16)$$

式中　G_i——i 层结构重力荷载；

　　　Δ_i——把 G_i 视为作用在 i 层楼面的假想水平荷载，按弹性刚度计算得到的结构第 i 层楼面处的假想侧移；

　　　N——楼层数；

　　　α_0——缩短系数，取值与式（2-15）同。

③框架—剪力墙结构。在采用微分方程解无限自由度体系方法的基础上，可以由图 2-8 查出 φ_j 值（$j = 1$、2、3），由式（2-17，计算自振周期，即可计算第 1、2、3 振型的周期，适用于沿高度方向刚度均匀的结构。

$$T_j = \varphi_j H^2 \sqrt{\dfrac{w}{gEJ_w}} \qquad (2\text{-}17)$$

式中　w——结构沿高度方向单位长度的重力荷载值；

　　　g——重力加速度；

　　　EJ_w——框架—剪力墙结构中所有剪力墙的总等效抗弯刚度；

　　　φ_j——系数，由图 2-8 根据刚度特征值 λ 值查得：

$$\lambda = H \sqrt{\dfrac{C_F}{EJ_w}} \qquad (2\text{-}18)$$

　　　H——结构总高度；

　　　C_F——框架的总抗推刚度。

如果粗略估算，也可用下列公式估算多高层建筑物的自振周期：

$$T_1 = 0.0906 H/\sqrt{B} \qquad (2\text{-}19)$$

T_1 的单位为 s，H 为建筑物总高，B 为与地震作用方向平行的总宽（一般为横宽）单位为 m。

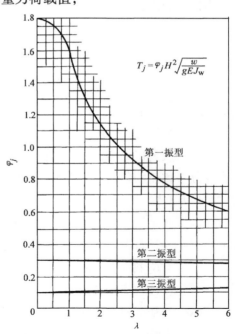

图 2-8　框架—剪力墙结构自振周期系数

在实际工程设计中，如果现场地质条件为中软或中硬场地土，抗震设防烈度为 7 度，这时各类建筑物所受的总水平地震作用（标准值）可估计为：

2~6 层砌体结构建筑物 $T_1 = 0.3 \sim 0.5s$

$$F_{EK} = (0.05 \sim 0.07) G_{eq} \tag{2-20}$$

2~8 层钢筋混凝土框架结构建筑物

$$T_1 = 0.6 \sim 1.2s$$

$$F_{EK} = (0.02 \sim 0.08) G_{eq} \tag{2-21}$$

8 层以上高层建筑物 $T_1 = 1.2 \sim 4.0s$

$$F_{EK} = (0.006 \sim 0.04) G_{eq} \tag{2-22}$$

当抗震设防烈度为 8 度和 9 度时，F_{EK} 值分别为上述各值的 2 倍和 4 倍。所有水平地震作用均可能作用于建筑物的横向或纵向，且有往复性。

在一般建筑物设计中，不必考虑竖向地震作用，只有在抗震设防烈度为 9 度及 9 度以上的地区，才需要考虑竖向地震作用问题（8 度时的大跨度结构也需考虑）。

（3）水平地震作用沿建筑物高度的分布

上述水平地震作用是指地震时在建筑物上产生的总作用。实际上，对多层、高层建筑物来说，不宜将质量集中到一点而需要分成几个相对集中的点，比如，多层建筑物可将全部重力荷载按比例集中到各个楼面和屋面标高处，当然由此也就出现了多质点体系的水平地震作用问题，也即 F_{EK} 的沿建筑物高度分布问题。对高度不超过 40m 以剪力引起的弯曲变形为主、且质量和刚度沿高度分布都比较均匀的建筑物，均可假定沿高度各质点的加速度反应与各质点所在高度成正比。为此，可以认为水平地震作用沿建筑物高度为倒三角形分布。

对于一个高度为 H，质量沿高度均匀分布的筒体结构建筑物，当总水平地震作用为 F_{EK} 时：建筑物高度为 H 的顶部的地震作用为 $q_顶 = \dfrac{2F_{EK}}{H}$，设地震作用沿高度分布为倒三角形，则高度 y 处的水平地震作用为（图 2-9a）：

$$q = \frac{2F_{EK}}{H^2} y \tag{2-23}$$

对于质量和刚度沿高度均匀分布的多质点建筑物，结构计算简图如图 2-9b，质点 i 的水平地震作用的标准值为

$$\begin{cases} F_i = \dfrac{G_i H_i}{\sum\limits_{j=1}^{n} G_j H_j} F_{EK} \quad (j = 1, 2, \cdots, n) \\ F_{EK} = \alpha_1 G_{eq} \end{cases} \tag{2-24}$$

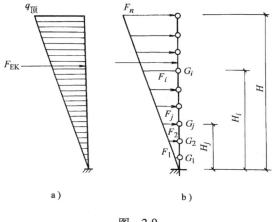

图　2-9

式中，F_{EK}、G_{eq}、α_1 如前述（对多质点建筑物，G_{eq}取总重力载荷的 85%）；G_i、G_j、H_i、H_j 分别为集中于质点 i、j 的重力荷载和 i、j 点的计算高度。对于 $T_1 >$ $1.4T_g$ 的多高层结构，结构顶层应附加集中力 $\sigma_n F_{EK}$，作粗略估计 σ_n 可取 5%。

（4）竖向地震作用

在一般建筑设计中，不必考虑竖向地震作用。规范规定抗震烈度 9 度区的高层建筑（或 8 度区的大跨度结构），才考虑竖向地震作用。计算方法仍类似于式（1-6）和式（1-8），但 α 要用竖向地震影响系数的最大值。从估算角度说，设计烈度为 8 度及 9 度时，分别取该结构或部件重量的 10% 和 20% 作为竖向地震作用力就可以了。

【例 2-2】 若一个 10 层框架结构，总重为 46080kN，若地震设防烈度为 8 度，10 层框架按 $\alpha = 0.06$ 估算，建筑物重力荷载和刚度沿高度分布均匀，层高 $h = 4m$，求地震作用沿高度的分布和可能使建筑物总体倾倒的倾覆力矩 M_{ov}。

【解】 按水平地震作用标准值的取值方法取

$$F_{EK} = 0.06 G_{eq} = 0.06 \times 46080kN = 2764.8kN$$

各层水平地震作用按式（2-24）求得：

$$F_i = \frac{G_i H_i}{\sum\limits_{j=1}^{10} G_j H_j} F_{EK} = \frac{H_i}{\sum\limits_{j=1}^{10} H_j} F_{EK}(j = 1, 2, \cdots, 10)$$

$$\sum\limits_{j=1}^{10} H_j = 1h + 2h + \cdots + 10h = 55h$$

代入上式得（图 2-10a）：

$F_1 = 50.27kN$，$F_2 = 100.54kN$，$F_3 = 150.8kN$，$\cdots$，$F_{10} = 502.7kN$。

倾覆力矩 $M_{ov} = \sum\limits_{i=1}^{10} F_i H_i (i = 1, 2, \cdots, n)$

$$M_{ov} = (50.27 \times 1 + 100.54 \times 2 + \cdots 502.71 \times 10)h$$
$$= 19354.05h = 77416.2 \text{kN} \cdot \text{m}$$

按倒三角形分布规律(图 2-10b)有

$$M_{ov} = F_{EK} \cdot \frac{2}{3}H = 2764.8 \times \frac{2}{3} \times 10h = 18432h = 73728 \text{kN} \cdot \text{m}$$

与较精确的计算,其误差约为 -4.8%。可见误差不大,可按估算法进行概念设计和选型。

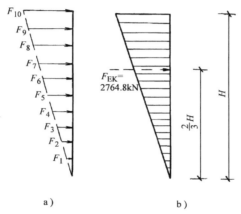

图 2-10　【例 2-2】水平地震作用沿高度分布

2.2　结构内力的定性分析

2.2.1　简支梁内力的扩展应用

对于技术设计阶段的结构分析,可运用先进的计算机软件,选择正确的、精确的计算简图,建立精细的计算模型,进行正确的分析。对于方案设计阶段,则着重于手算和快速估算。只要定性不差,估算在一定限度内又偏于安全就可以了。

如图 2-11 取二跨连续梁,AB 跨受均布荷载。如果 BC 跨 i_2 很大,则 AB 跨可视为 B 端固定的梁,跨间最大弯矩为 $ql^2/16$,支座弯矩为 $ql^2/8$;若 i_2 很小,则 AB 跨相当于简支梁,跨中弯矩为 $ql^2/8$。如果 $i_1 = i_2$,则 AB 跨的跨中弯矩介于 $ql^2/16$ 与 $q^2/8$ 之间。作为方案阶段估算,取 $ql^2/8$ 是安全可靠的,而仔细计算则接近 $ql^2/10$。对于单跨刚架,也有类似情况。若采取梁柱铰接,则横梁相当于简支；若立柱与梁固接，且立柱线刚度很大时，则横梁两端相当于固接，一般则介于两者之间见图2-11。为快速做出决断，最好记住简支梁和悬臂梁在均布荷载及集中荷载作用下的最大弯矩与最大剪力，见图2-12。

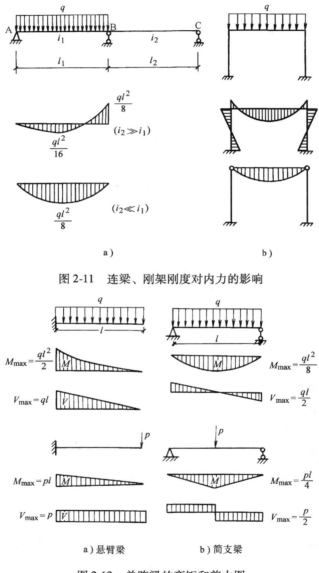

图 2-11　连梁、刚架刚度对内力的影响

图 2-12　单跨梁的弯矩和剪力图

对于梁，$ql^2/8$ 是一个很重要的数值。任何一根单跨梁（包括从连续梁及刚架梁中取出的单跨梁）受均布荷载后产生的弯矩，如将支座弯矩连一直线，则

连线中点与跨中弯矩绝对值之和必为 $ql^2/8$。对于固端梁（图 2-13），正弯矩与负弯矩在梁中间有一交点，称为反弯点，因该点弯矩为零，也可视作铰点（虚铰点）。对固端梁，反弯点之间的距离为 $l/\sqrt{3}=0.577l\approx0.6l$，余下的两端之长各为 $\frac{1}{2}\left(1-\frac{1}{\sqrt{3}}\right)l=0.21l$。记住，在手头无资料可查时，取离支座 $0.2l$ 为反弯点，中间按简支梁来计算弯矩，两边按悬臂梁来计算弯矩，则可以供估算之用。例如，对两端固定梁：

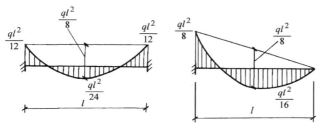

图 2-13　单跨梁弯矩图

跨中弯矩为

$$M_{中}=\frac{q}{8}(0.6l)^2=0.045ql^2\approx\frac{ql^2}{24}=0.0416ql^2$$

支座弯矩可用两种办法计算，一是两端按悬臂梁计算，$0.2l$ 长的悬臂梁受均布荷载 q 及端点受 $0.6ql/2$ 的集中力：

$$M_{支}=\frac{q(0.2l^2)}{2}+q(0.3l)(0.2l)$$

$$=0.02.ql^2+0.06ql^2=0.08ql^2$$

$$\approx\frac{1}{12}ql^2=0.083ql^2$$

二是用支座弯矩连线之中点与跨中弯矩之绝对值之和为 $ql^2/8$，则可得：

$$M_{支}=\frac{ql^2}{8}-0.045ql^2=0.08ql^2$$

与上述计算结果一致。这种估算与精确解相比已有很好的精度。

有了 $ql^2/8$ 及反弯点的概念，有很多复杂的结构，均可由此做出宏观的估算。

例如：对于上、下弦平行的桁架高度为 H，受均布荷载 q 时，其上、下弦的内力 N 可按下式推算。

$$N = \frac{ql^2}{8}/H \qquad (2\text{-}25)$$

上弦为压力，下弦为拉力。

又如两铰拱结构（图2-14a），可以看作两端有推力的曲梁，其推力可能由拱脚的基础或拱的支承结构承受，若拱的矢高为 f，则其水平推力可由下式计算

$$H = \frac{ql^2}{8}/f \qquad (2\text{-}26)$$

对于悬索结构（图2-14b），是与拱相反的拉力结构，其对支座的水平拉力为

$$H = \frac{ql^2}{8}/f \qquad (2\text{-}27)$$

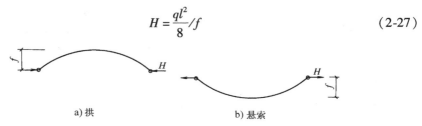

a)拱　　　　　　　　　　　b)悬索

图 2-14　拱和悬索的水平反力

有了水平分力，则支座之总反力可由力的合成（或分解）原理求得。

2.2.2　分析传力途径

无论结构组成如何千变万化，其主要功能是要将作用在建筑上的荷载（力）传递到地基上去。在概念设计阶段，一定要清楚内力的传递途径，并保证在传递过程中，每一构件的截面有足够的强度。

对于一般低层房屋结构，竖向荷载作用在屋面或楼面上，内力由楼面（或屋面）板传到梁上，由梁传给柱子，柱子传给地基、基础。横向荷载则由墙传给框架或剪力墙，然后传到基础上。

在内力的传递过程中，有以下几条原则可以在内力定性分析中应用。

（1）在一个构件向另一个构件传力时，一般按最短的路径传递，即"就近不就远"原则，例如图2-15a由四杆组成的桁架，水平力 p 作用于A点，则力 p 通过AC、AD杆可将其所产生的内力传到基础支座，故AB、BD杆不受力。又如图2-15b，一根横梁，下有支杆，如果其上面有一集中力作用，则此集中力首先通过支杆传到基础上，横梁受力很小。

（2）整体结构中有一部分形成完整结构，可以独立将力传到基础上，则称

为基本结构部分；反之，某一部分结构的内力必须通过基础部分才能将力传到基础上去，则可以称其为附属部分。若荷载仅作用于基础部分，则附属部分可以不受力。

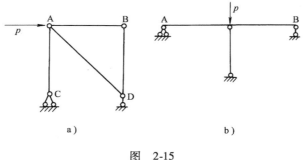

图　2-15

例如图 2-16a 的两跨梁，BC 可单独承受荷载，是基础部分，AB 梁离开 BC 梁则为几何可变机构，不能单独承受荷载。若荷载作用于 AB 跨，则两跨梁均有内力，若荷载作用于 BC 跨，则只有 BC 梁有内力。又如图 2-16b 桁架，有两个荷载作用，则 BECF 部分已可将力传于基础，AE、AB、CD、DF 为附属部分，不产生内力。

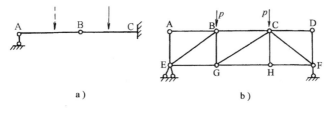

图　2-16

（3）结构承载力的下限定理

根据力的就近传递原理，由附属构件向基本构件传递的原理可以发展为结构承载力的下限定理：若荷载作用下在结构中可以任意找到一个受力路线，而将该路线以外的材料想象地除掉后，仍能和外荷载保持平衡，且沿该路线上的材料应力都不超过强度极限，则可断定原结构必不会破坏，而且真正的承载能力必不小于该路线体系的承载能力。以上即为承载能力的下限定理，为结构的近似估算及结构安全性的定性判断开辟了一个新的思路。

这一原理可用于牛腿、深梁、剪力墙等非杆件结构的粗略分析。当梁的跨度 l 和其截面高度 h 的比值 $\dfrac{l}{h} \geqslant 4$ 时，梁横截面上的法向应力，可按平截面分布假设计算。但对于深梁，即 $l/h < 4$ 时，其法向应力的分布将和平截面假设有显著

的差别。要用弹性理论分析才能得到的跨中横截面上法向应力的分布规律。

显然，要采用弹性理论来求出其应力分布规律及由此而进行钢筋混凝土深梁配筋，是很复杂的。但在设计中作粗略估算时，可运用承载力极限的下限定理及荷载到支座就近传递的原理，在深梁中取出如图 2-17 的刚架作为受力的基本（或骨架）结构。只要这种刚架设计得足以承担所作用的荷载，那么原来的深梁就可以保证是安全的。

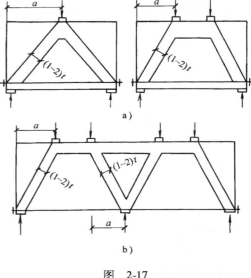

图　2-17

（4）"刚者多受力"的原理

当有两个以上构件共同传递荷载直接作用或某一构件传来的内力时，则刚度大的构件传递的内力大，这就是"刚者多受力"的原理。

【**例 2-3**】　如图 2-18a 所示结构，设横梁为无限刚性，边柱线刚度为 i，中柱为 $2i$。在 A 点作用一水平力 $p = 50\text{kN}$，求柱内弯矩。

【**解**】　各柱剪力分配与抗侧移刚度成正比，这里因柱约束条件及高度均相同，而抗侧移刚度 $\gamma = 3i/H^2$。其中 H 相同，故与 i 成正比。

于是边柱所分担的剪力为

$$V_{\text{边}} = \frac{p}{i + 2i + i} \times i = \frac{50}{4} \times 1\text{kN} = 12.5\text{kN}$$

中柱所分担的剪力为

$$V_{\text{中}} = \frac{p}{i + 2i + i} \times 2i = \frac{50}{4} \times 2\text{kN} = 50\text{kN}$$

因柱顶均为铰接，有了剪力就很容易求得柱内弯矩，其结构弯矩图见图 2-18b。

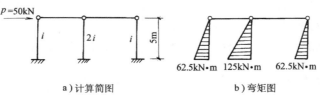

a）计算简图　　　　　b）弯矩图

图 2-18　【例 2-3】结构示图

2.2.3　交叉梁内力简化分析

　　交叉梁系是楼盖中常用于共同承担荷载的结构体系，与主次梁体系不同（主次梁体系中荷载由板传给次梁，次梁传给主梁），它具有双向共同传递荷载的作用，交叉梁（当为正方形时又称井字梁）是楼盖中常用的结构，双向荷载传递由每一方向的梁共同分担。设有一正交叉梁如图 2-19 所示，在两梁相交处承受一集中荷载 p。

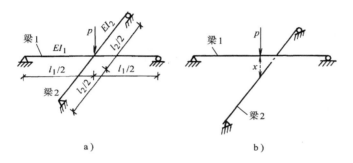

图 2-19　交叉梁受力分析

　　设梁 1 置于梁 2 上，而且都是简支的。在荷载 p 作用下，梁 1 与梁 2 同时下挠，梁 2 对梁 1 作用一向上反跨力 x。因此，梁 2 就承受荷载 x，而梁 1 则承受荷载 $p-x$。两梁的跨中挠度 δ_1 与 δ_2 是相等的。设两梁的惯性矩分别为 I_1 与 I_2，它们所用的材料相同，则由挠度计算公式：

$$\delta_1 = \frac{(p-x)l_1^3}{48EI_1}$$

$$\delta_2 = \frac{xl_2^3}{48EI_2}$$

由 $\delta_1 = \delta_2$ 得

$$x = \frac{p}{1 + (l_2/l_1)^3(I_1/I_2)} \tag{2-28}$$

　　当两梁的 I 相同时，即当 $I_1 = I_2$ 时，则梁 2 所承担的荷载 x 与总荷载 p 的比就成为

$$\frac{x}{p} = \frac{1}{1 + (l_2/l_1)^2}，\text{或} \frac{x}{p-x} = \frac{l_2^3}{l_1^3} \tag{2-29}$$

即各梁分担的荷载与跨度的立方成反比，表 2-10 中给出了它对应于 l_1/l_2 的值。

表 2-10 l_1/l_2 与 x/p 的对应值

l_1/l_2	1	2	3	4
x/p	1/2	8/9	27/28	64/65

从表 2-10 可以看出，当两个边的比值大于 2 时，短边几乎承担了全部荷载，双向传递作用就消失了。因此，在结构设计中将 $l_1 \approx l_2$ 的梁作为双向梁。在交叉的梁条中，较短者有较大的抗弯能力，它将分担较多的荷载，这就是所谓刚者多受力原理。这里所说的强弱，有时不完全取决于梁条的长短，还与两个方向的边界支承条件及构件的刚度 I 情况等有关。

要使两根不等长的梁，分担相等分额的荷载，可用不等的惯性矩。当荷载是相等地分配时，x 等于 $p/2$，于是按式

$$\frac{p}{2} = \frac{p}{1 + (l_2/l_1)^3 (I_1/I_2)}$$

可得
$$\frac{I_1}{I_2} = \left(\frac{l_1}{l_2}\right)^2 \tag{2-30}$$

即两根梁的惯性矩之比，必须等于它们跨度的立方比。这是对于集中荷载而言，对于均布荷载，"刚者多受力"的原则不变，但具体计算公式会有所不同。实际工程中常遇到的等截面整体现浇钢筋混凝土交叉梁，有两向正放正交（图 2-20a）、两向斜放正交（图 2-20b）等形式。这时可将楼板上的荷载按静力分配原则化为节点荷载，有了荷载分配与跨度及截面刚度的关系，则不难估算各梁所受的荷载。

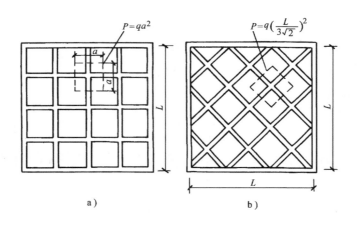

a)   b)

图 2-20

2.2.4　双向板内力分析的板带法

有了荷载向双向传递的概念，对双向板的分析就有了方便的办法。

双向板的内力分析要用弹性理论，是比较复杂的。下面介绍一种称为板带法或板条法的内力分析方法。这种方法是用计算梁的方法来设计板。

板条法的基本原理是选择内力场满足平衡条件。对每一个 $dx \times dy$ 的板单元，其平衡方程为

$$\frac{\partial^2 M_x}{\partial x^2} + \frac{\partial M_y}{\partial y^2} + 2\frac{\partial^2 M_{xy}}{\partial x \partial y} = -q \tag{2-31}$$

式中　q——为单位面积板上的横向荷载；

　　　M_x——沿 x 方向单位长度上的弯矩；

　　　M_y——沿 y 方向单位长度上的弯矩；

　　　M_{xy}——单位长度上的扭矩，$M_{xy} = M_{yx}$。

由极限理论的下限定理，任何一组在板内各点均能满足平衡条件并满足屈服条件的 M_x、M_y 和 M_{xy} 都是可行的解。当然所配置的钢筋应能承担这些弯矩。求板的极限荷载的塑性铰线法根据的是下限定理，简单的板带法取 $M_{xy} = 0$，则平衡方程简化为

$$\frac{\partial^2 M_x}{\partial x^2} + \frac{\partial^2 M_y}{\partial y^2} = -q \tag{2-32}$$

这一方程可分解为两部分

$$\frac{\partial^2 M_x}{\partial x^2} = -kq \tag{2-33}$$

$$\frac{\partial^2 M_y}{\partial y^2} = -(1-k)q$$

在式（2-33）中，k 为 x 方向板带承担的荷载比例，$(1-k)$ 为 y 方向板带所承担的比例。当 $k = 0$ 时，全部荷载全由 y 方向板带承担，取 $k = 1$ 时全部荷载由 x 方向板带来承担。板带法设计要点之一就是要确定板的荷载分区，选定适当的 k 值以后，每一个方向的板带内承担的荷载就和梁的荷载一样，完全可用单向梁的分析方法分析内力。

理论上，荷载向两个方向的分配系数 k 可以任意选择。不同的选择会导致不同的钢筋布置，会有不同的经济效果。设计者的目的就是要使配筋布置经济合理的同时，又保证安全，并应避免在使用荷载下出现过大的裂缝和挠度。下面以一方形板为例说明采用板条法设计的荷载分区分配的方法。

如图 2-21 所示为一四边简支正方形板，受均布荷载 q。取整个板为一区，荷载分配系数取 $k = 0.5$，即两个方向均承载 $q/2$。

所有板带的最大设计弯矩为：

$$M_x = M_y = ql^2/16 = 0.0625ql^2$$

式中，M_x、M_y 分别为沿 x 方向和 y 方向单位长度上的极限弯矩。

若按弹性理论，可由 $l_x/l_y = 1$ 查表得

$$M_x = M_y = 0.0429ql^2$$

可见，按 $k = 0.5$ 的板条法设计和弹性理论相比，高出 31%。按这一方案配筋显然是安全的，但是很不经济。

另一种方法是按图 2-22 所示，将荷载分区分为角区、边区及中间区，每一区内的荷载按最短路线传到支座，在路线距离相同的情况下同时向两邻支座传递。荷载分配系数如图 2-22 所示。

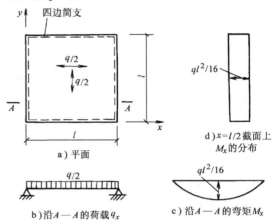

图 2-21　两个方向荷载均匀分配的方板

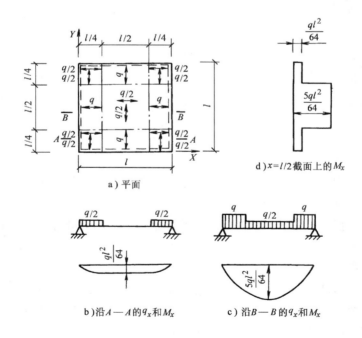

图 2-22　对角线附近的荷载均分给两个方向的方板

这种分区决定了每一方向有两种板带。例如在 x 方向有边缘板带和跨中板带。对边缘板带，其受荷只有角区内受 $q/2$ 荷载，最大弯矩为：

$$M_x = \frac{q}{2} \times \frac{l}{4} \times \frac{l}{8} = ql^2/64 = 0.0156ql^2$$

对跨中板带，其最大弯矩为：

$$M_x = q \times \frac{l}{4} \times \frac{l}{8} + \frac{q}{2} \times \frac{l}{4} \times \frac{3l}{8} = 5ql^2/64 = 0.0718ql^2$$

弯矩 M_x 在 y 方向的分布呈台阶形，在相同弯矩的板带内配筋相同。按这一方式配筋，中间板带配筋多，靠边上的板带配筋少，显然是合理的，配筋也是方便的。因板带法求出的是下限值，故可保证极限荷载高于实际荷载，是安全的。按这一方法配筋，沿全长方向的平均弯矩值为

$$M_x = (0.0781 \times 0.5l/l + 0.0156 \times 0.5l/l)ql^2 = 0.0468ql^2$$

这一值很接近按塑性铰线分析求得的极限弯矩值（$0.0418ql^2$），可见，按这一分配方式也是经济的。这种分析方法比弹性理论简单，比塑性铰线法也方便些。

由以上例子可以看出，由于忽略了扭矩，对每一板条的受力情况完全和梁一样，求梁的内力及弯矩对工程师来讲是很熟悉的，也是简便的。至于荷载分区，工程师可按一般弹性理论的知识作指导。为了控制挠度，可按一般规范控制板厚。由以上分析可知，板带法确实为工程师提供了一种概念清晰、计算简便、保证安全的一种板的设计方法。

板带法对一些特殊支承板更有其方便之处。下面举几个例子。

①四边简支矩形板

对于矩形板，在板的长边中部，其荷载向短跨方向传递，只在短边及角处向长边或角边传递，如图 2-23 所示。

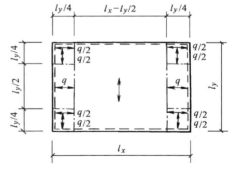

图 2-23 四边简支矩形板

取角边缘带宽为 $l_y/4$（短边长的 1/4）是合理的。荷载传递方向如图 2-23 所示。这样各板带的跨中弯矩为：

长边方向（x 方向）　边缘板带　$M_x = \dfrac{q}{2} \times \dfrac{l_y}{4} \times \dfrac{l_y}{8} = \dfrac{ql_y^2}{64}$

中间板带　$M_x = q \times \dfrac{l_y}{4} \times \dfrac{l_y}{8} = \dfrac{ql_y^2}{32}$

短边方向（y 方向）　边缘板带　$M_y = \dfrac{ql_y^2}{64}$

中间板带　$M_y = \dfrac{ql_y^2}{8}$

这种分配法，在每一板带内，弯矩为一个值，可直接据此选配钢筋，而且总是偏于安全的。分区适当，可达到简单而经济的目的。

②两边固定、两边简支矩形板

【例2-4】　两边固定支座、两边为简支的矩形板如图2-24所示。受均布荷载 q，用板带法求其极限弯矩。

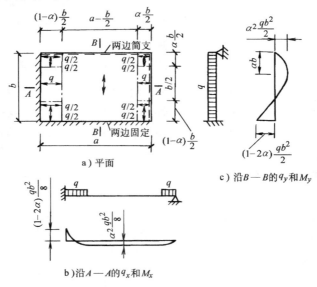

a）平面

c）沿 B—B 的 q_y 和 M_y

b）沿 A—A 的 q_x 和 M_x

图 2-24　【例2-4】两边固定和两边简支的矩形板

【解】　取 x 方向边长为 a，y 方向边长为 b，$b < a$，其荷载分区如图 2-24a，靠简支边板带宽为 $\alpha \times \dfrac{b}{2}$，显然应取 $\alpha < 0.5$，以使靠固端边的板带宽一些。

x 方向的受荷如图示，其中间板带弯矩分布为：

跨中正弯矩　　　　　　　$M_中 = \dfrac{qab}{2} \times \dfrac{ab}{4} = \alpha^2 \dfrac{qb^2}{8}$

固端支座负弯矩　　　　　$M_支 = (1 - 2\alpha) \dfrac{qb^2}{8}$

在 x 方向中间板带负弯矩与正弯矩之比为

$$\frac{M_支}{M_中} = \frac{1-2\alpha}{\alpha^2}$$

x 方向的边缘板带，因近支座处荷载为 $\frac{q}{2}$，

故跨中弯矩　　　　　　　　　　$M_中 = \alpha^2 \frac{qb^2}{16}$

支座弯矩　　　　　　　　　$M_支 = (1-2\alpha) \cdot \frac{qb^2}{16}$

y 方向中间板带为均布荷载，按一端固定一端简支的梁分配支座及跨中弯矩

跨中弯矩　　　　　　　$M_中 = q\alpha b \times \frac{\alpha b}{2} = \alpha^2 \frac{qb^2}{2}$

支座负弯矩　　　　　　　　$M_支 = (1-2\alpha)\frac{qb^2}{2}$

y 方向边缘板带

跨中正弯矩　　　　　　　　　$M_中 = \alpha^2 \frac{qb^2}{16}$

支座弯矩　　　　　　　　　$M_支 = (1-2\alpha)\frac{qb^2}{16}$

为使 $M_支/M_中$ 在 $1.5 \sim 2.5$ 之间，可取 $\alpha = 0.4$ 左右，即可得到满意结果。

【例 2-5】 四边固端支承矩形板，尺寸如图 2-25 所示。承受均布荷载，活载加恒载的设计值为 12kN/m^2，试用板条法求 x、y 方向的设计弯矩。

【解】 荷载分区，取边、角板区宽度为短跨的 1/4，即 $6\text{m}/4 = 1.5\text{m}$。荷载传递方向如图 2-25 所示。选支座弯矩与跨中弯矩之比为 $2:1$。弯矩计算如下：

x 方向中间板带：

悬臂弯矩　$M = \frac{qa^2}{2} = \frac{12 \times 1.5^2}{2}\text{kN} \cdot \text{m/m} = 13.5\text{kN} \cdot \text{m/m}$

负弯矩　$M_支^{左} = M_支^{右} = 13.5 \times \frac{2}{2+1}\text{kN} \cdot \text{m/m} = 9\text{kN} \cdot \text{m/m}$

正弯矩　$M_中 = 13.5 \times \frac{1}{3}\text{kN} \cdot \text{m/m} = 4.5\text{kN} \cdot \text{m/m}$

x 方向边缘板带：

悬臂弯矩　$M = \frac{q/2 \cdot a^2}{2} = \frac{6 \times 1.5^2}{2}\text{kN} \cdot \text{m/m} = 6.7\text{kN} \cdot \text{m/m}$

负弯矩　$M_支^{左} = M_支^{右} = 6.75 \times \frac{2}{3}\text{kN} \cdot \text{m/m} = 4.5\text{kN} \cdot \text{m/m}$

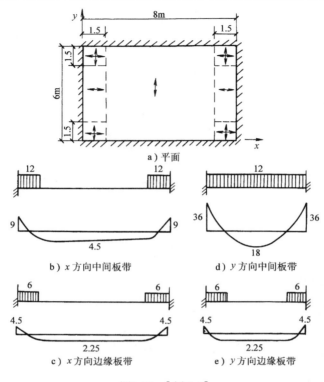

图2-25 【例2-5】

正弯矩 $M_{中} = 6.75 \times \dfrac{1}{3} \mathrm{kN \cdot m/m} = 2.25 \mathrm{kN \cdot m/m}$

y 方向中间板带：

悬臂弯矩 $M = \dfrac{qa^2}{2} = \dfrac{q \cdot \left(\dfrac{lg}{2} \right)}{2} = \dfrac{ql^2 y}{8} = \dfrac{12 \times 6^2}{8} = 54 \mathrm{kN \cdot m/m}$

负弯矩 $M_{支}^{左} = 54 \times \dfrac{2}{3} \mathrm{kN \cdot m/m} = 36 \mathrm{kN \cdot m/m}$

正弯矩 $M_{中} = 54 \times \dfrac{1}{3} \mathrm{kN \cdot m/m} = 18 \mathrm{kN \cdot m/m}$

y 方向边缘板带：

悬臂弯矩 $M = \dfrac{(q/2)a^2}{2} = \dfrac{6 \times 1.5^2}{2} \mathrm{kN \cdot m} = 6.77 \mathrm{kN \cdot m/m}$

负弯矩 $M_{支}^{左} = 6.75 \times \dfrac{2}{3} \mathrm{kN \cdot m} = 4.5 \mathrm{kN \cdot m/m}$

正弯矩　$M_\text{中} = 6.75 \times \dfrac{1}{3}\,\text{kN}\cdot\text{m} = 2.25\,\text{kN}\cdot\text{m/m}$

2.2.5　刚架的内力估算法

多层框架结构在竖向荷载和水平荷载作用下的近似受力分析，可分别采用建筑力学中的分层计算法和反弯点计算法或铰点法计算。

1. 分层计算法

分层计算法的要点是：①把多层框架（图 2-26a）分解为若干个分层框架，每个分层框架由各层的梁和与其上下毗连的柱组成，柱的远端看成固定端支座（图 2-26b）；②分别用建筑力学中的力矩分配法计算各分层框架；由图 2-26b 可见，每根柱同属于相邻的两个分层框架，因此，柱的最后弯矩应由两部分叠加得到；③在各分层框架中，应将上层各柱的线刚度乘以折减系数 0.9；传递时，凡远端实际不是固定端的柱，传递系数由 1/2 改为 1/3（注意：底层柱不作如上修改）；④分层计算的结果组合在一起，便得到框架结构整体的弯矩图。

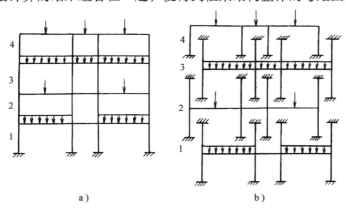

图 2-26　分层法示意图
a）框架结构计算简图　b）分层框架计算简图

2. 反弯点法

反弯点计算法的要点是：①假设框架结构横梁的相对刚度为无限大，因而框架节点在水平节点荷载作用下不能产生转角，只发生侧移；②在框架同层各柱端有同样侧移时，同层各柱的剪力与柱的侧移刚度成正比；每层柱共同承受该层以上的水平节点荷载；各层的总剪力按各柱的剪力分配系数分配到各柱；③上层各柱在水平节点荷载作用下的反弯点设在柱中点，底层柱的反弯点设在柱子的 2/3 高度处；④柱端弯矩根据柱的剪力和反弯点位置确定；梁端弯矩由节点力矩平衡条件确定；中间节点两侧的梁端弯矩按梁的转动刚度分配不平衡力矩求得。反弯点法计算示意见图 2-27。

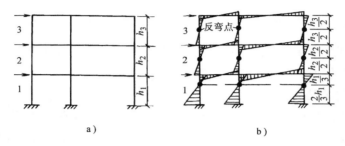

a）   b）

图 2-27　反弯点法示意
a）水平节点荷载　b）反弯点及弯矩图示意

3. 铰点法

无论分层还是多层，竖向荷载还是侧向荷载均可用"铰点法"分析。反弯点法实际上是将柱中设置铰的分析方法。在竖向荷载作用下的估算中，也可借用反弯点法的思路，在横梁上选定铰点（弯矩为零的虚设铰），再利用单梁法计算内力。一般可以假设在离梁端点 $0.2l$ 处形成铰点，中间铰则为 $(1 - 2 \times 0.2)l = 0.6l$（图 2-28a），于是最大的正、负弯矩（如图 2-28b）为

跨中正弯矩：$M_{max} = \dfrac{q(1 - 0.4)^2 l^2}{8} = 0.045 q l^2$

节点梁负弯矩：$M_{min} = -q \times 0.3l \times 0.2l - \dfrac{1}{2}q(0.2l)^2$

$$= -0.08 q l^2 \tag{2-34}$$

这些值与固端梁的 $0.042 q l^2$ 和 $-0.084 q l^2$ 很接近。柱端的弯矩可由节点平衡条件计算。对于内柱，只要应力保持低值，比如说为容许应力的 $70\% \sim 80\%$，则可认为不受弯矩作用，按中压柱计算。

对于边跨，可以假定铰点在距外柱 $0.1l$ 处和距内柱 $0.2l$ 处（图 2-28b），而其弯矩为

$$M_{max} = \frac{q(0.7l)^2}{8} = 0.061 q l^2$$

$$M_{min边} = -q \times 0.35l \times 0.1l - \frac{1}{2}q(0.1l)^2 = -0.04 q l^2$$

$$M_{min中} = -q \times 0.35l \times 0.2l - \frac{1}{2}q(0.2l)^2 = -0.09 q l^2 \tag{2-35}$$

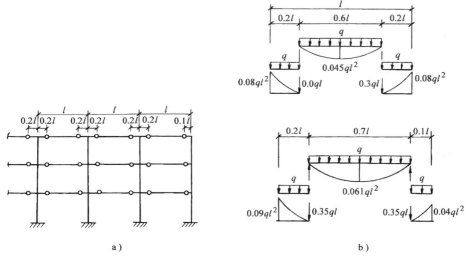

图 2-28　铰点法计算简图

这些值应该与一端为固定、另一端为简支的梁的 $0.07ql^2$ 和 $-0.125ql^2$ 比较接近。

【例 2-6】　试确定图 2-29 中，在竖向荷载作用下框架的弯矩。设此框架是一组中到中为 6m 的框架之一，其总均布荷载为 $11.5kN/m^2$。

【解】　以顶层为例，横梁中设"虚铰"，边跨靠边为 $0.1l$，中间为 $0.2l$，则由式（2-35）得：

$$ql^2_{MN} = 11.5 \times 6 \times (7.2)^2 kN \cdot m$$
$$= 3577 kN \cdot m$$

$$ql^2_{NP} = 11.5 \times 6 \times (5.4)^2 kN \cdot m$$
$$= 2012 kN \cdot m$$

$$M_{MN} = M_{MJ} = -0.040 \times 3577 kN \cdot m$$
$$= -143.1 kN \cdot m$$

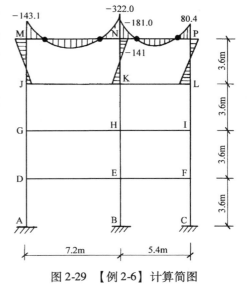

图 2-29　【例 2-6】计算简图

$$M_{PN} = M_{PL} = -0.040 \times 2012 kN \cdot m = -80.4 kN \cdot m$$

$$M_{NM} = -0.09 \times 3577 kN \cdot m = -322 kN \cdot m$$

$$M_{NP} = -0.09 \times 2012 kN \cdot m = -181 kN \cdot m$$

内柱的弯矩，可以假设在顶层为相邻两梁的弯矩之差，而对于标准层则为相邻两梁的弯矩之差的一半，故

$$M_{NK} = M_{NM} - M_{NP} = (-322 + 181)\,\text{kN} \cdot \text{m} = -141\,\text{kN} \cdot \text{m}$$

$$M_{KN} = \frac{1}{2}(M_{KJ} - M_{KL}) = \frac{1}{2}(-322 + 181)\,\text{kN} \cdot \text{m} = -70.5\,\text{kN} \cdot \text{m}$$

此处梁的弯矩符号是下拉为正，上拉为负。

梁 MN 跨中弯矩

$$M_{MN中} = \frac{q}{8} \times (0.7l_{MN})^2 = \frac{11.5 \times 6}{8} \times (0.7 \times 7.2)^2\,\text{kN} \cdot \text{m} = 219.1\,\text{kN} \cdot \text{m}$$

梁 NP 跨中弯矩

$$M_{NP中} = \frac{q}{8} \times (0.7l_{NP})^2 = \frac{11.5 \times 6}{8} \times (0.7 \times 5.4)^2\,\text{kN} \cdot \text{m} = 124.15\,\text{kN} \cdot \text{m}$$

【例2-7】 图2-30所示为5m开间的四层单跨框架结构，跨度为10m，层高为5m，恒载总重9.0kN/m²（其中楼盖恒载重5.0kN/m²，墙柱折合4.0kN/m²，楼面活荷载2.0kN/m²，按7度抗震设防。梁柱线刚度比为2.33，估算地震荷载并用反弯点法绘 M 图。

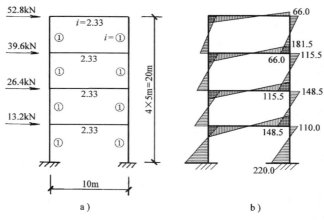

图2-30 【例2-7】计算简图

【解】

（1）荷载（标准值）

每层梁上所承受的均布荷载为

$$5 \times (5.0 + 2.0)\,\text{kN/m} = 35.0\,\text{kN/m}$$

每一开间建筑物每层总重

$$5 \times 10 \times (9.0 + 2.0)\,\text{kN} = 550.0\,\text{kN}$$

四层总重

$$G_{eq} = 4 \times 550.0kN = 2200.0kN$$

每一开间总水平地震作用

$$F_E = 0.06G_{eq} = 132.0kN$$

按倒三角形分布则第四、三、二、首层楼盖标高处的水平地震作用分别为 52.80kN、39.60kN、26.40kN、13.20kN，标注于图 2-30 上。

（2）反弯点法计算

$\dfrac{i_b}{i_c} = 2.33$，接近于 3，用反弯点法能得到较好的精度。处理为对称框架，则每层柱的剪力分配系数都为 0.5。除底层反弯点在 $\dfrac{2}{3}h$ 处外，以上各柱反弯点都取在柱中点。柱端弯矩：

顶层：$M_4 = \left(\dfrac{1}{2} \times 52.8\right) \times \dfrac{1}{2} \times 5kN \cdot m = 66.0kN \cdot m$

三层 $M_3 = \dfrac{1}{2}(52.8 + 39.6) \times 2.5kN \cdot m = 115.5kN \cdot m$

二层 $M_2 = \dfrac{1}{2}(52.8 + 39.6 + 26.4) \times 2.5kN \cdot m = 148.5kN \cdot m$

底层 $M_1^{\pm} = \dfrac{1}{2}(52.8 + 39.6 + 26.4 + 13.2) \times \dfrac{1}{3} \times 5kN \cdot m$

$= 110.0kN \cdot m$

$M_1^{\top} = \dfrac{1}{2}\left(32 \times \dfrac{2}{3} \times 5\right) kN \cdot m = 220.0kN \cdot m$

按节点力矩平衡条件，可以求得各梁端的弯矩：顶层梁端弯矩直接与柱端弯矩相等，三、二、一层梁端弯矩等于节点上下柱端弯矩之和。

2.3 结构的稳定、位移与刚度

2.3.1 建筑的稳定与抗倾覆

建筑结构要能承受和传递荷载，必须形成结构，不能是"机构"，即不能是几何可变体系或瞬变体系。

图 2-31a 为一平台，由于它的支承体系缺少必要的约束（如图虚线所示构件），是几何可变或瞬变体系，在外力作用后必然倒塌。图 2-31b、c，若倾覆力矩大于抗倾覆力矩，即 $Fa > Wb$ 及 $p_1e_1 > p_2e_2$，都会发生倾覆，旋转轴为 0。对于

图 2-31c 所示挡水坝，除有整体绕 O 点转动倾覆的问题，还有整体滑动的问题。设计时，应满足抗倾覆稳定条件和抗滑动稳定条件，即：

$$p_2e_2 > p_1e_1, \quad fp_2 > p_1$$

式中，f 为摩擦系数。

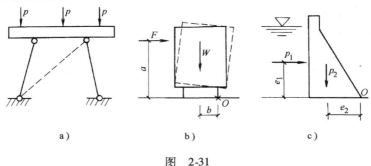

图 2-31

在工程中，下列几种情况，可认为是倾覆的临界状态：

1）倾覆力矩等于抗倾覆力矩时，即 $p_1e_1 = p_2e_2$，如图 2-32a 所示。

2）远离倾覆旋转轴一侧的支反力为 0 时，即支承反力不能出现拉力，如图 2-32b 所示。

3）基础一侧支承反力的应力 $\sigma = 0$，亦即不产生拉应力，如图 2-32c 所示。此时，建筑物虽未倾倒，但已发生较大侧移。

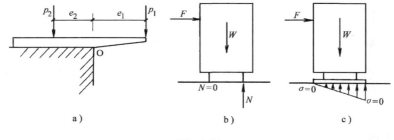

图 2-32

倾覆力矩超过抗倾覆的稳定力矩，结构将发生倾覆。

分析图 2-33 所示双列柱对称建筑物的抗倾覆能力。图中 η 为水平荷载下的位置高度系数；d 为双列柱支承点的水平间距。临界状态时

$$\frac{W}{2} - N = \frac{W}{2} - \frac{F\eta H}{d} = 0$$

$$W\frac{d}{2} / F\eta H = 1 \quad \text{或} \quad \frac{Wd}{2F\eta H} = 1 \tag{2-36}$$

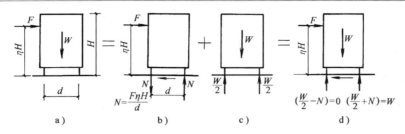

图 2-33　抗倾覆分析

引入安全系数 K 及荷载比 $\beta = \dfrac{F}{W}$，则也可表达为

$$\frac{H}{d} = \frac{1}{2K\beta\eta} \tag{2-37}$$

式中，$\dfrac{H}{d}$ 比值为建筑物的高宽比，安全系数 $K = \dfrac{Wd}{2F\eta H}W$，通常取 $K = 1.5$。

　　利用式（2-36）进行抗倾覆验算时，倾覆力矩和抗倾覆力矩都要用设计值，后者不应小于前者。

　　利用式（2-37），进行抗倾覆验算时，荷载都用标准值，高宽比 $\dfrac{H}{d}$ 应小于 $\dfrac{1}{2K\beta\eta}$，或计算出抗倾覆力矩 $W \cdot \dfrac{d}{2}$ 与倾覆力矩 $F\eta H$ 之比值应大于 1.5。设计人员可以通过变换 β、H/d、η 及 K 这几个因素来进行抗倾覆设计。工程中的抗倾覆安全系数，一般取为 1.5。

　　建筑物的高宽比 $\dfrac{H}{d}$，是建筑物抗倾覆能力的总衡量。$\dfrac{H}{d}$ 愈小，倾覆力臂相对于抗倾覆力臂愈小，抗倾覆能力愈强；反之亦反。我国的规范中，规定了建筑物高宽比的限制，以确保建筑物的抗倾覆能力。规定高层建筑物 $\dfrac{H}{d} < 5 \sim 6$ 时（详细分类规定见表 2-11），一般可不作抗倾覆验算。超过规定值时，必须验算。

　　对于一般矩形平面的房屋，长方向比较稳定，较短方向易倾覆，所以这时高宽比的"宽"是指房屋较短方向的结构宽度。悬挑部分或围护结构对抗倾覆没有用，计算宽度时不应计算在内。

　　建筑结构同时还要承受竖向荷载 W，对于对称的双列柱结构，竖向荷载将由竖向支承平均分担。同时承受竖向荷载 W 和水平荷载 F 时，可以进行简单的叠加，也可用等效偏心力来代替，其偏心距为：

$$e = \frac{M}{W} = \frac{F\eta H}{W} \tag{2-38}$$

房屋结构的地基主要承受压力，若要地基受拉，则必须设锚杆，这将大大提高工程造价，增加施工难度。所以，一般情况下可认为地基不能抗拉，也即在竖向荷载 W 和水平荷载 H 共同作用下，支承体系底部不得产生拉力，否则房屋将会倾覆。对于双列柱的情况，偏心距 e 最大不能超过 $\frac{d}{2}$，即最大偏心距 $e_{max} = e_b = \frac{d}{2}$，此时为临介状态，或倾覆极限状态。

现引入相对偏心距（或叫偏心比）e_r：

$$e_r = e / e_b \tag{2-39}$$

式中　e——水平荷载 H 和竖向荷载 W 引起的荷载偏心距；

　　　e_b——相应建筑结构倾覆临介状态下的偏心距，对于双列柱 $e_b = \frac{d}{2}$；

　　　d——建筑结构宽度；

　　　e_r——反映了荷载偏心距 e 与抗倾覆极限偏心距的比值，很明显，当 $e_r < 1$ 时，地基无拉力，结构稳定；$e_r = 1$ 时，结构处于倾覆极限状态；$e_r > 1$ 时，地基要承受拉力，若不设锚杆结构将倾覆。

对于双列柱结构，$e_b = \frac{d}{2}$，代入式（2-39），得：

$$e_r = \frac{F \cdot \eta H}{W} \cdot \frac{1}{d/2} = 2\beta\eta \frac{H}{d} \tag{2-40}$$

式中　$\beta = \dfrac{F}{W}$——水平荷载与竖向荷载之比；

　　　$\eta = a/H$——水平荷载合力作用点的相对高度，与房屋形状及质量分布有关；

　　　H/d——房屋的高宽比。

由上一节几种典型体形建筑物水平力的分析可知，当房屋的总体形式（矩形、三角形或金字塔形等）确定后，上述系数 β 和 c_0 就不会有什么变化。高宽比 h/d 不仅对结构的抗倾覆有着重要的影响，而且还直接影响结构内力和变形，尤其在高层建筑抗震设计中，房屋结构的高宽比是一个比房屋高度更重要的参数，高宽比越大，地震作用下的侧移越大，地震引起的倾覆作用越严重，巨大的倾覆力矩在柱中引起的附加拉力和附加压力就很难处理。1985 年墨西哥地震时，一幢 9 层钢筋混凝土大厦因倾覆力矩而倾倒，埋深 2.5m 的箱形基础被翻转 45°，甚至基础下的摩擦桩也被拔了出来。在 1967 年委内瑞拉的加拉加斯地震中，一幢 11 层旅馆由于倾覆力矩引起的巨大压力使柱的轴压比大大增加，降低了柱截面的延性，使柱头发生剪压破坏；另一幢 18 层框架结构 Caromay 公寓，由于巨大的倾覆力矩，使地下室柱中引起很大的附加轴力，许多柱的混凝土被压碎，钢筋弯曲成灯笼状。

我国《钢筋混凝土高层建筑结构设计与施工技术规程》中对高层建筑结构高宽比也做出了严格的规定，其中 A 级高度房屋的高宽比限值见表 2-11。

表 2-11　高层建筑房屋高宽（H/d）比限值

结构类型	非抗震设计	抗震设防烈度		
		6 度,7 度	8 度	9 度
框架、板桩—剪力墙	5	4	3	2
框架—剪力墙	5	5	4	3
剪力墙	6	6	5	4
筒中筒,成束筒	6	6	5	4

因此，在建筑设计的方案阶段，建筑师和结构工程师都必须认真控制好高宽比 H/d。

【例 2-8】　某对称双列柱支承平面中，建筑总高 $H = 60\text{m}$，水平地震作用合力 $F_{eq} = 0.15W$，求满足倾覆设计时所需支承体系的宽度 d，见图 2-34。

【解】　荷载比：$\beta = F_{eq}/W = 0.15$

若宽度不受限制，高度已知 60m，则由高宽比：$H/d \leqslant [H/d] = 1/(2 \times 0.15 \times 2/3) = 5$ 得 $d \geqslant 60/5\text{m} = 12\text{m}$。

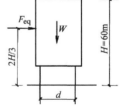

图 2-34　【例 2-8】
抗倾覆计算图

若实际支承受用地限制，只能取总宽度为 10m，则为了满足平衡，需改变建筑物体型，如降低总高度，增加长度，$H/d = H/10 = 5$，则 $H = 50\text{m}$，即建筑物高降低至 50m。

当然也可以通过改变建筑形式的类型（即改变 β、η）来达到满足抗倾覆要求。

通过以上理想化的双列柱情况分析，阐述了整体设计的概念。在方案阶段，设计者可以利用这种整体设计方法，较快地了解在建筑设计中建筑形式的性质和支承平面的布置将怎样影响结构性能，从而对不同结构方案进行比较，综合进行方案分析，以确定出最优方案。

2.3.2　结构的刚度与变形

1. 影响结构刚度的主要因素

对于结构设计人员来说，对第一极限状态（承载力极限状态）的设计都很熟悉，也特别重视它，因为一旦结构破坏，丧失承载能力或结构失稳、倾覆等都将造成生命和财产的重大损失，而对于结构的刚度和变形问题有时重视不够。应当指出，结构变形问题也会直接影响房屋建筑的正常使用，过大的变形会使装饰材料开裂甚至剥落，影响电梯正常运行，直接影响加工车间的产品加工精度，严重时还会使人感到不适。随着高层建筑的发展，房屋越来越高，更由于高强度材料的应用，结构构件的截面做得更小、更细，因此结构的刚度和变形问题就越来越突出，在设计中应当予以足够的重视。

在第 1 章中已经提到刚度是产生单位变形所需要的力。应当指出，这里所指的"变形"和"力"都是广义的，"变形"可以是位移、应变、曲率、剪切角、扭转角等，"力"可以是轴力、应力、弯矩、剪力或扭矩等。单位"力"作用下的"变形"为柔度，柔度和刚度互为倒数。

在结构设计中通常要用到截面刚度、构件刚度、结构刚度等概念，关于截面刚度在第 1 章中已经介绍，这里再讨论结构的刚度与变形。

前面已经提到，构件刚度是指构件在指定方向上引起单位变形所需的荷载。以单跨梁为例，悬臂柱在柱顶水平力作用下的变形为

$$\Delta = \frac{ph^3}{3EI}$$

当 $\Delta = 1$ 时所需的力为 $\frac{3EI}{h^3}$，即为构件刚度，当 $p = 1$ 所产生的位移 $\frac{h^3}{3EI}$，为构件柔度。

又如受均布荷载下的简支梁，其跨中挠度为

$$\Delta = \frac{5}{384} \frac{ql^4}{EI}$$

则其刚度为 $\frac{384}{5} \cdot \frac{EI}{l^4}$。

由上两个例子可见，影响刚度及位移的主要因素有：

1）截面的几何性质，即几何特征，有：面积 A、重心位置 C_x、惯性矩 I_x、截面模量 W_x 等。

2）材料力学性质，主要是弹性模量 E、剪切模量 G 等。

3）与构件的支承条件及受荷载性质有关，如是均布荷载还是集中荷载，是固端支承、铰支承，还是自由端等。

关于典型单跨梁（简支梁、固端梁、悬臂梁）的最大内力与位移的计算表达式列于表 2-12。

对于常见截面的几何特征计算式列于表2-13。工程师应选择合理的断面形状以充分利用构件与结构的刚度。

表 2-12　单跨梁内力与位移计算表达式

序号	计算简图与内力图	内力	位移
1		$R_A = p$ $M(x) = -px$ $M_{max} = M_A = -pl$	$f_B = \dfrac{pl^3}{3EI}$ $\varphi_B = \dfrac{pl^2}{2EI}$
2		$R_A = ql$ $V(x) = qx$ $M(x) = -\dfrac{1}{2}qx^2$ $M_{max} = M_A = -\dfrac{1}{2}ql^2$	$f_B = \dfrac{ql^4}{8EI}$ $\varphi_B = \dfrac{ql^3}{6EI}$
3		$R_A = bp \; ; R_B = ap$ $M(x) = \begin{cases} bpx & 0 < \dfrac{x}{l} < a \\[2mm] ap(l-x) & a < \dfrac{x}{l} < 1 \end{cases}$ $M_{max} = M_C = abpl$ 当 $a = b = \dfrac{1}{2}$ 时， $R_A = R_B = \dfrac{p}{2}$, $M_C = \dfrac{1}{4}pl$	$a = b = \dfrac{l}{2}$ 时 $f_C = \dfrac{pl^3}{48EI}$ $\varphi_A = -\varphi_B = \dfrac{pl^2}{16EI}$

（续）

序号	计算简图与内力图	内力	位移
4		$R_A = R_B = \dfrac{1}{2}ql$ $V(x) = ql\left[\dfrac{1}{2} - \left(\dfrac{x}{l}\right)\right]$ $M(x) = \dfrac{1}{2}ql^2\left(\dfrac{x}{l}\right)\left(1 - \dfrac{x}{l}\right)$ $M_{max} = M_C = \dfrac{1}{8}ql^2$	$f_{中} = \dfrac{5}{384}\dfrac{ql^4}{EI}$ $\varphi_A = -\varphi_B = \dfrac{ql^3}{24EI}$
5		$R_A = R_B = \dfrac{1}{2}ql$ $V(x) = ql\left[\dfrac{1}{2} - \left(\dfrac{x}{l}\right)\right]$ $M(x) = -\dfrac{1}{2}ql^2\left[\dfrac{1}{6} - \left(\dfrac{x}{l}\right)\left(1 - \dfrac{x}{l}\right)\right]$ $M_A = M_B = -\dfrac{1}{12}ql^2$ $M_C = \dfrac{1}{24}ql^2$	$f_{中} = \dfrac{1}{384}\dfrac{ql^4}{EI}$

表 2-13　常用截面的几何特征表

序号	截　　面	A	C_x	I_x	W_x
1		bh	$\dfrac{h}{2}$	$\dfrac{bh^3}{12}$	$\dfrac{bh^2}{6}$
2		h^2	$\dfrac{h}{2}$	$\dfrac{h^4}{12}$	$\dfrac{h^3}{6}$
3		$H^2 - h^2$	$\dfrac{H}{2}$	$\dfrac{H^4 - h^4}{12}$	$0.12\dfrac{H^4 - h^4}{H}$

（续）

序号	截　面	A	C_x	I_x	W_x
4		$BH - bh$	$\dfrac{H}{2}$	$\dfrac{BH^3 - bh^3}{12}$	$\dfrac{BH^3 - bh^3}{6H}$
5		$b(H - h)$ $= 2bd$	$\dfrac{h}{2}$	$\dfrac{b}{12}(H^3 - h^3)$；当 $d \ll H$ 时 $\dfrac{1}{2}bdh^2 = \dfrac{1}{4}Ah^2$	$\dfrac{b}{6}\dfrac{H^3 - h^3}{H}$ 当 $d \ll H$ $bdh = \dfrac{1}{2}Ah$
6		$BH + bh$	$\dfrac{H}{2}$	$\dfrac{BH^3 + bh^3}{12}$	$\dfrac{BH^3 + bh^3}{6H}$
7		$\dfrac{bh}{2}$	$y_2 = \dfrac{2}{3}h$ $y_1 = \dfrac{1}{3}h$	$\dfrac{bh^3}{36}$	$S_2 = \dfrac{bh^2}{24}$ $S_1 = \dfrac{bh^2}{12}$
8		$\dfrac{\pi}{4}D^2 =$ $0.79D^2 =$ $3.14R^2$	$\dfrac{D}{2} = R$	$\dfrac{\pi D^4}{64} \approx \dfrac{\pi R^4}{4}$ $0.05D^4 \approx$ $0.79R^4$	$\dfrac{\pi D^3}{32} \approx 0.1D^3$ $\approx 0.79R^3$
9		$nDt =$ $6.28Rt$	$\dfrac{D}{2} = R$	$\dfrac{\pi}{8}D^3 t =$ $0.39D^3 t =$ $3.14R^3 t$	$\dfrac{\pi}{4}D^2 t =$ $0.79D^2 t =$ $3.14R^2 t$

2. 结构的变形设计和变形允许值

结构的变形设计，指的是结构受力后的变形必须满足正常使用极限状态的条件，即

$$f_{max} \leqslant [f] \tag{2-41}$$

式中 f_{max}——结构在荷载标准值作用下由弯矩算得的最大挠度或侧移；

　　　[f]——设计规范对结构变形的限值，即允许变形（挠度或侧移）值。

[f] 值规定如下（ l 为跨度， H 为建筑物总高度， h 为建筑物层间高度，（ ）中的限值适用于使用上对挠度有较高要求的构件。悬臂构件的允许挠度值按相应数值乘以系数 2.0 取用。）：

（1）钢筋混凝土屋盖、楼盖及楼梯构件

1）当 $l < 7m$ 时　　　　　　　　允许挠度为 $l/200$ （ $l/250$ ）

2）当 $7m \leqslant l \leqslant 9m$ 时　　　　　允许挠度为 $l/250$ （ $l/300$ ）

3）当 $l > 9m$ 时　　　　　　　　允许挠度为 $l/300$ （ $l/400$ ）

（2）钢楼盖梁和工作平台梁

1）主梁　　　　　　　　　　　　允许挠度为 $l/400$

2）其他梁　　　　　　　　　　　允许挠度为 $l/250$

（3）钢筋混凝土框架结构

1）建筑物顶点允许侧移为　　　　$H/300$ （地震）

　　　　　　　　　　　　　　　　$H/500$ （风）

2）建筑物层间允许侧移为　　　　$h/250$ （地震）

　　　　　　　　　　　　　　　　$h/400$ （风）

（4）钢筋混凝土墙结构

1）建筑物顶点允许侧移为　　　　$H/700$ （地震）

　　　　　　　　　　　　　　　　$H/1000$ （风）

2）建筑物层间允许侧移为　　　　$h/600$ （地震）

　　　　　　　　　　　　　　　　$h/800$ （风）

【例2-9】　单跨钢筋混凝土简支梁，跨度 $l = 10m$，截面为矩形，$b \times h = 300mm \times 1000mm$。采用 C20 混凝土，$E_c = 0.255 \times 10^5 N/mm^2$，承受均布荷载（包括梁自重、构造层重力荷载及楼面使用活荷载），其标准值 $q = 40kN/m = 40N/mm$，求该梁跨中最大挠度。（由于在使用情况下钢筋混凝土梁一般在其受拉一侧都有微细裂缝，而且需要考虑恒载的长期效应，这些因素都会使截面抗弯刚度有所降低。因此，在计算钢筋混凝土梁的挠度时，其截面抗弯刚度值可按 $(0.20 \sim 0.30) E_c I$ 估算）

【解】

$$I = \frac{1}{12}bh^3 = \frac{1}{12} \times 300 \times 1000^3 mm^4 = 2.50 \times 10^{10} mm^4$$

$$f_{max} = \frac{5ql^4}{384(0.25E_cI)}$$

$$= \frac{5 \times 40 \times 10000^4}{384 \times 0.25 \times 0.255 \times 10^5 \times 2.50 \times 10^{10}} mm = 32.68mm$$

$[f] = l/300 = 10000/300 mm = 33.33mm > f_{max}$，满足要求。

3. 框架、剪力墙的侧移估算

多高层建筑常采用框架或框架—剪力墙结构，以抵抗侧向力。在框架—剪力墙体系中，框架主要承受竖向荷载，剪力墙主要承受水平荷载。钢筋混凝土剪力墙的侧移刚度比框架的侧移刚度大得多，往往抵抗了 70% ~ 90% 的风荷载。整个结构体系的侧移量，主要由剪力墙来决定。因此，可以单计算剪力墙的侧移，来估算框架—剪力墙体系的侧移。不过剪力墙的侧移属弯曲型变形，由水平荷载产生的弯矩来确定，此时将剪力墙当作悬臂杆计算。框筒结构的侧移估算应是类似的，此筒体结构抵抗水平力和保证侧向稳定，更具有特殊的优越性能。

对于纯框架结构，则侧向变形以剪切变形为主，且高度通常不超过 50m，可以忽略弯曲变形的影响，由侧向层间位移叠加求得总位移。

$$\Delta = \frac{VH^3}{12EI} = \frac{V}{12i/H^2}$$

分母 $12i/H^2$ 为柱子抗切刚度，考虑到柱子非无限刚性，加上还有弯曲变形影响，计算时可取一修正系数

$$\Delta = \frac{V}{\alpha 12i/H^2} \tag{2-42}$$

一般取 $\alpha = 0.3$。

【例 2-10】　图 2-35 所示为位于北京地区的某框架结构，6 层，层高 $h = 5m$。总高 $H = 30m$，建筑物长 20m、宽 10m，柱截面尺寸 $bh = 500mm \times 500mm$，每层 15 个柱，采用 C20 混凝土，$E_a = 0.255 \times 10^5 N/mm^2$，求风荷载作用下的框架顶端侧移和最大层间侧移。

【解】

（1）求风荷载

北京地区基本风压 $w_0 = 0.35kN/m^2$

风压高度变化系数取 $\mu_z = 1.42$（$H = 30m$，大城市郊区）

风载体型系数 $\mu_s = +0.8$（迎风面），-0.5（背风面）

沿建筑物高度的风荷载 $q = 1.42 \times (0.8 + 0.5) \times 0.35 \times 20 kN/m$

$$= 12.92 kN/m（假设沿高度均匀分布）$$

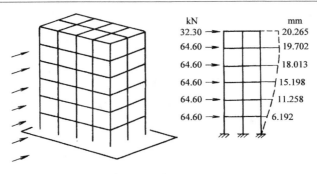

图 2-35　【例 2-10】计算简图

近似地以每层楼盖标高处承受集中风力 F_w 计，则

$$F_w = 5 \times 12.92\text{kN} = 64.60\text{kN}$$

$$F_w/2 = 32.30\text{kN}$$

本例中建筑物总高 30m，可不考虑风振系数 β_z。

（2）确定 $[f]$

计算框架顶点侧移时，$[f] = H/500 = 30000/500\text{mm} = 60\text{mm}$

计算框架层间侧移时，$[f] = h/400 = 5000/400\text{mm} = 12.5\text{mm}$

（3）用列表计算法计算框架每层侧移

框架的侧移基本上由每层柱子受剪切后发生弯曲形成的侧向变形积累而成。列表计算如下：

层数	F_w 或 $F_w/2$ /kN	V /kN	每层柱子的 $\alpha\dfrac{12i}{l^2}$ /(kN/mm^2)	$\delta = \dfrac{V}{\alpha\dfrac{12i}{l^2}}$ /mm	f/mm
6	32.30	32.30	$0.3 \times \dfrac{12 \times 0.255 \times 10^2 \times \frac{1}{12} \times 500^4}{5000^2 \times 5000} \times 15$ $= 57.38$	0.563	20.265
5	64.60	96.90	57.38	1.689	19.702
4	64.60	161.50	57.38	2.815	18.013
3	64.60	226.10	57.38	3.940	15.198
2	64.60	290.70	57.38	5.066	11.258
1	64.60	355.30	57.38	6.192	6.192

顶端侧移 $f_{max} = 20.265\text{mm} < 60\text{mm}$

层间侧移 $f_{max} = 6.192\text{mm} < 12.5\text{mm}$，均满足要求。

【例2-11】　一座层高 $h = 3.6\text{m}$ 的五榀框架，间距6m，每榀框架有4跨共13层。框架钢筋混凝土柱子平均截面尺寸为 $300\text{mm} \times 600\text{mm}$，混凝土强度等级为 C20。$E = 0.255 \times 10^5 \text{N/mm}^2$，受风荷载 1.5kN/m^2。

试确定其顶点位移，又若此结构设置两堵剪力墙，墙宽6m，厚0.6m。即截面 $B \times H = 6\text{m} \times 0.6\text{m}$，试求其顶点位移。

【解】

（1）对框架结构

$$\Delta_{顶} = \sum_{i=1}^{13} \frac{V_i H_i^3}{\alpha \cdot 12EI}$$

顶层集中风力：
$$W = w \cdot \beta \cdot H/2$$
$$= 1.5 \times 6 \times 3.6/2\text{kN} = 16.2\text{kN}$$

其余各层风集中力 $W = w \cdot \beta \cdot H = 2W_{顶} = 32.4\text{kN}$

顶层（13层）剪力　$V_{13} = 16.2\text{kN}$

从上到下第二层（12层）　$V_{12} = 48.6\text{kN} = 3V_{13}$

类推11层剪力　$V_{11} = 48.6 + 32.4 = 5V_{13}$

各层抗剪刚度（考虑到四跨有 5 根柱及折减系数为 0.3）为

$$\alpha \frac{12EI}{H^3} = 0.3 \times \frac{12 \times 0.255 \times 10^5 \times \frac{1}{12} \times 300 \times 600^3}{(3600)^3} \times 5 = 53125$$

顶点位移为

$$\delta = \Sigma \frac{V}{\alpha \frac{12EI}{H^3}} = \frac{16.2 \times 10^3}{0.15}(1 + 3 + 5 + \cdots + 13)\text{mm} = 51.5\text{mm}$$

（2）建筑物宽 $4 \times 6\text{m} = 24\text{m}$。建筑物所受风荷载（沿高度每延米长的风荷载）为：

$$1.5 \times 24\text{kN/m} = 36\text{kN/m}$$

有两片剪力墙，设剪力墙承受 80% 的侧向荷载，每片剪力墙各分担 1/2，即：

$$W = 36 \times 0.8 \times 0.5\text{kN/m} = 14.4\text{kN/m}$$

把剪力墙看做嵌固于刚性基础的悬臂梁，则其顶端位移为：

$$\delta = \frac{qH^4}{8EI} = \frac{14.4 \times (3600 \times 13)^4}{0.255 \times 10^5 \times \frac{1}{12} \times 600 \times 6000^3}\text{mm}$$

$$= 31.35\text{mm}$$

【例2-12】 图2-36所示为一幢13层办公楼，在建筑物中心设有一个6m×12m的电梯井，井筒外侧有18根外柱。屋盖和楼层的恒载是6kN/m²，墙面所受的水平风荷载是1.4kN/m²，井筒墙的恒载是5kN/m²，井筒壁厚为300mm，预应力钢筋混凝土框架由300mm×750mm的T形梁和边长为500mm正方形钢筋混凝土柱组成，试验算建筑物的抗倾覆能力并计算建筑物顶部的侧移。

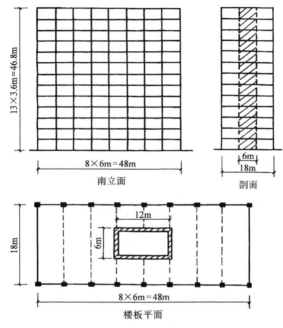

图2-36 【例2-12】计算简图

【解】

（1）抗倾覆验算

地面以上13层楼板总重 G 等于屋盖和12层楼盖恒载的总和

$$G = 6 \times 18 \times 48 \times 13 = 67392 \ (\text{kN})$$

井筒负担竖向荷载的面积为18m×12m=216m²，是总面积48m×18m=864m²的1/4，因此核心筒承担的荷载为

$$\frac{1}{4}G = \frac{1}{4} \times 67392\text{kN} = 16848\text{kN}$$

再考虑井筒墙的恒重5kN/m²，则抗倾覆的总重量

$$W = \frac{1}{4}G + 6 \times (12 \times 6) \times 2 \times 46.8 = 30467(\text{kN})$$

抗倾覆力矩 $M_r = 30467 \times \dfrac{1}{2} \times 6 \text{kN} \cdot \text{m} = 91400 \text{kN} \cdot \text{m}$

倾覆力矩 $M_{ov} = \dfrac{1}{2}(1.4 \times 48) \times 46.8^2 \text{kN} \cdot \text{m}$

$$= 73592.1 \text{kN} \cdot \text{m} < M_r(安全)$$

$\dfrac{M_{or}}{M_{ov}} = \dfrac{91400}{73592} = 1.24$ 比 1.5 小一点，安全系数不太够。考虑到基础宽度较大，故判断建筑物不会倾覆。

（2）建筑物顶端侧移估算

井筒截面外壁尺寸为

$$(12 + 0.3)\text{m} \times (6 + 0.3)\text{m} = 12.3\text{m} \times 6.3\text{m}$$

井筒内壁尺寸为

$$(12 - 0.3)\text{m} \times (6 + 0.3)\text{m} = 11.7\text{m} \times 5.7\text{m}$$

惯性矩为

$$I_C = \frac{1}{12}\left[12.3 \times 6.3^3 - 11.7 \times 5.7^3\right]\text{m}^3 = 75.735\text{m}^3$$

$$q = 1.4 \times 48\text{kN/m} = 67.2\text{kN/m}$$

设混凝土的强度等级是 C20，则弹性模量为

$$E_C = 0.255 \times 10^5 \text{N/mm}^2$$

故悬臂结构顶点侧移

$$\Delta = \frac{1}{8}\frac{qH^4}{E_C I_C} = \frac{1}{8}\frac{67.2 \times (46.8 \times 10^3)^4}{0.255 \times 10^5 \times 75.735 \times 10^{12}}\text{mm} = 20.9\text{mm}$$

【例 2-13】　对世界贸易中心大楼进行抗倾覆和位移估算。

世界贸易中心（The World Trade Center）是世界著名高楼，在 2001 年的"9.11"事件中被撞毁。原建筑是 110 层的方形塔楼，高 412m，平面尺寸 63.5m ×63.5m，采用筒中筒结构，外筒为密柱框筒。底层每边有 19 根箱形截面的钢柱，柱距 3.05m，箱形柱的截面尺寸为 686mm×813mm，壁厚平均为 90mm，柱截面面积 $A_c = 0.263\text{m}^2$，角柱适当加强，如图 2-37 所示。世界贸易中心总体高宽比 $H/d = 412/63.5 = 6.49$，大楼位于大西洋海边，30m 以上风荷载为 2.692kN/ m^2，平均风荷载为 2.5kN/m^2，现估算仅考虑水平风荷载时，该建筑总体的高宽比是否满足抗倾覆要求。

【解】

（1）将问题简化

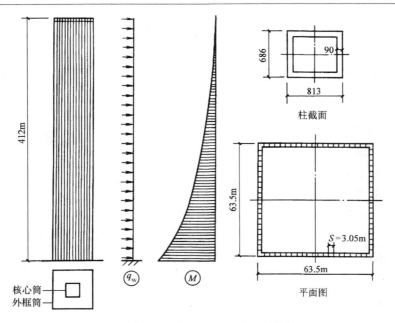

图 2-37 【例 2-13】世界贸易中心估算简图

1) 把世界贸易中心塔楼看做嵌固在地面上的悬臂梁。

2) 抗倾覆估算主要考虑水平荷载的作用，由于内筒作用与外筒作用相比较小，因此估算时，仅考虑外框筒的作用。

3) 外框为密柱形成外筒，近似看做共同工作的箱形截面；不考虑轴向变形的影响。

4) 角柱仅有 4 根，近似与中柱一样对待，风荷载取平均值，沿高度均布。

（2）水平荷载的倾覆力矩 M_r 及抗倾覆力矩 M_{ov} 的估算

1) 倾覆力矩 $M_{ov} = F \eta H$：

$$F = q_w BH = 2.5 \times 412 \times 63.5 = 65405 \text{（kN）}$$

$$\eta = 1/2$$

$$M_{ov} = F \eta H = 65405 \times \frac{412}{2} = 1.35 \times 10^7 \text{（kN · m）}$$

2) 抗倾覆力矩 $M_r = W \cdot \dfrac{d}{2}$

$$W = 6 \times 63.5 \times 63.5 \times 110 = 2661285 \text{（kN）}$$

$$M_r = 2661285 \times \frac{63.5}{2} = 8.45 \times 10^7 \text{（kN · m）} \quad > 1.5 M_{ov} 是安全的。$$

（3）建筑物位移估算

1）房屋结构底层总弯矩

$$M = \frac{1}{2}q_w H^2 = \frac{1}{2} \times 2.5 \times 63.5 \times 412^2 \text{kN} \cdot \text{m} = 13473 \times 10^3 \text{kN} \cdot \text{m}$$

2）房屋结构总体截面惯性矩 I

为简化计算，沿风荷方向的框筒柱近似按"拍扁"后的等效"腹板"计算，则"腹板"的等效厚度

$$t = \frac{A_c}{S} = \frac{0.263}{3.05} \text{m}^2 = 0.0862 \text{m}^2$$

$$I = （A_c \cdot y^2）\cdot 2n + \frac{t（d）^3}{12} \cdot 2$$

式中　　A_c——柱截面面积；

　　　　S——柱间距；

　　　　n——每边的柱数；

　　　　y——框筒柱离截面中心的距离；

　　　　d——结构总宽度。

则房屋结构的总体截面惯性矩

$$I = \left[0.263 \times \left(\frac{63.5}{2}\right)^2 \right] \times 2 \times 19 \text{m}^4 + \left[\frac{0.0862}{12} \times 63.5^3 \times 2 \right] \text{m}^4$$

$$= 13753 \text{m}^4$$

边柱由风荷载引起的最大附加应力为

$$\sigma_{max} = \frac{M}{I} \cdot y = \frac{13473 \times 10^3}{13753} \times \frac{63.5}{2} \text{kN/m}^2 = 31103 \text{kN/m}^2$$

$$= 31.1 \text{N/mm}^2$$

即风荷引起的柱内最大附加应力为

$$\sigma_\omega = 31.1 \text{N/mm}^2$$

单柱由风荷引起的附加内力为

$$N_\omega = A_c \sigma_{max} = 0.263 \times 31103 \text{kN} = 8180 \text{kN}$$

3）风荷作用下房屋顶端侧移估算

等截面悬臂梁端点挠度计算公式为 $\Delta = \frac{qh^4}{8EI}$，世界贸易中心框筒的箱形截面柱是变截面柱，底部柱截面面积为 A_c，越往上截面越小，可近似认为是柱顶截面为 0 的均匀变截面构件，则变形要比等截面构件大些，此时的顶端侧移为

$$\Delta \approx \frac{qH^4}{2EI} = \frac{2500 \times 63.5 \times 412^4}{2 \times 2 \times 10^{11} \times 13753} \text{m} = 0.832\text{m} \approx \frac{h}{500}$$

按美国规范，允许侧移为

$$[\Delta] = 0.002h = 0.002 \times 412\text{m} = 0.824\text{m} \approx \Delta$$

考虑到内筒等作用，可以认为满足设计要求

4. 结构平面中构件截面布置对刚度的影响

下面我们讨论一座小塔楼的几种结构方案，研讨如何提高结构的刚度。设塔楼平面尺寸相同，边长均为 5.2m，结构截面面积均为 4m²。

方案 1：由 4 根 1m 见方小柱组成，其截面刚度为 4 根柱截面刚度的总和

$$I_1 = 4 \times \left(\frac{1}{12} \times 1^3\right)\text{m}^4 = \frac{4}{12}\text{m}^4$$

方案 2：若将 4 根小柱合并为 1 根大柱，则刚度为

$$I_2 = \frac{2}{12} \times 2^3 \text{m}^4 = 4I_1$$

方案 3：若将 4 根 1m 见方的柱"拍扁"，做成 4 片独立的墙，每片为 0.2m ×5m。由于墙体出平面的刚度很小，而平面内的刚度比出平面刚度要大得多，在水平荷载作用下，垂直荷载方向墙的刚度可以忽略不计，荷载仅由沿着荷载方向的两片墙来承受，故其刚度为

$$I_3 = 2 \times \left(\frac{1}{12} \times 0.2 \times 5^3\right)\text{m}^4 = 12.5I_1$$

方案 4：若将上述四片墙在墙角处连成整体，形成箱形截面，根据材料力学知识

$$I_4 = \frac{1}{12}(5.2^4 - 4.8^4)\text{m}^4 = 50I_1$$

比较以上几种结构方案可以看出，尽管截面面积相同（即使用相同数量的建筑材料），但通过合理改变结构形式，则可以大大提高刚度。

由以上分析对比可见：

1）将小柱合并成大柱，可有效地提高抗侧移刚度，这是结构设计中所谓材料集中使用的原则。

2）结构墙的平面内刚度要比柱大得多，利用结构墙可大大提高房屋的抗侧移刚度。

3）垂直荷载方向的墙体在独立工作时处于出平面受弯状态，其抗弯刚度与平面内抗弯刚度相比小得可以忽略不计。然而，当组成整体箱形截面后，它是作为箱

形截面的"翼缘"参加抗弯工作,内力臂很大,是箱形截面抗弯刚度的主要部分,从而可大大提高其抗弯刚度。

4)对比方案 3 和方案 4,刚度相差 4 倍,而实际上差别仅在于将四片独立墙连系起来,使其整体共同工作,形成一个完整的箱形截面(即筒体),截面变形符合平面假定。由此也可以看出墙片间连接构造的重要性,如果连接失效,方案 4 又会恢复为方案 3,抗弯刚度下降到四分之一。

由此推理,若能将方案 1 的 4 根柱加上刚性联系,使其共同工作,截面变形符合平面假定,则刚度还可提高。上述方案都只是在结构平面上的改进,其实还可在立面上想想办法。

方案 5:如图 2-38 所示,若在 4 根小柱顶端加上刚性很大的连系梁,形成框架,保证 4 根小柱像整体截面一样共同工作,成为方案 5,则其抗弯刚度为

$$I_5 = \left(4 \cdot \frac{1}{12} \cdot 1^3 + 4 \times 1 \times 2.1^2\right) m^4 = 53.92 \times \frac{4}{12} m^4 = 53.92 I_1$$

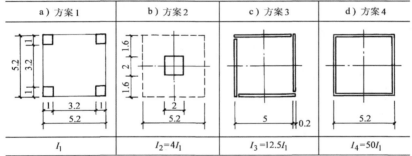

图 2-38　结构截面刚度的比较

方案 5 刚度要比方案 4 还大。我们来分析一下方案 5 的受力状态,例如在左侧水平荷载下,若没有刚性横梁,则两排柱都将像独立悬臂柱一样自由侧移。若在柱顶加上"刚性"横梁,刚性横梁与柱刚性连接,刚性横梁在柱变形前与柱垂直相交,在柱变形后仍要保持与柱垂直相交,为此,刚性横梁中存在很大剪力,迫使左柱拉长、右柱压缩。在柱中产生轴力 V,左柱受拉、右柱受压,形成反向力矩 $V \cdot d$,抵消了一部分倾覆力矩。若以柱顶刚性横梁作脱离体,刚性横梁受到左柱拉力和右柱压力的力矩作用,转角大大减小。可见,柱间刚性横梁使柱顶变形一致,引起柱内附加轴力,并组成反向力矩,大大减少了柱顶侧移,提高了结构刚度。有关刚性横梁的作用在后面结构竖向体系分析中还要详细讨论。

方案 5 实际上是一榀带刚性横梁的单层框架,单层框架的抗侧移刚度比独立

柱好得多。但若柱子过长过高,受压过程中容易失稳。为此,我们可以增设中间横梁,形成多层框架,以减少柱子的计算长度,防止柱子失稳。或者分层后,中间加上交叉支撑,则可大大增加抗侧刚度。

5. 绘制结构弯曲变形的示意图

在工程的方案设计阶段,设计人员往往要判断结构构件哪一面受拉、哪一面受压,以便估计钢筋放在构件的哪一侧,有时更要定性地估计结构受力后的挠度和侧移情况。为此,懂得一些绘制结构构件受力后的弯曲变形示意图的规律是很有用的。

一般说来,结构构件受力后的弯曲变形图有以下几点规律:

(1)由于 $\dfrac{M}{EI} = \dfrac{1}{\rho} = \dfrac{\mathrm{d}^2 y}{\mathrm{d}x^2}$,人们就可以根据弯矩图直接画出构件的弯曲变形示意图。在弯矩图无突变的情况下,弯曲变形图为一连续曲线,不存在转折。其中:

M 值大的区段,曲率半径 ρ 小,变形曲线的曲率大;

M 值小的区段,曲率半径 ρ 大,变形曲线的曲率小;

$M = 0$ 的区段,曲率半径 ρ 等于 $\propto$,变形曲线为直线;

$+M$ 值的区段,变形曲线为凹形;$-M$ 值的区段,变形曲线为凸形。显然,外鼓的一侧受拉,内凹的一侧受压。以上规律可参看图 2-40。

(2)对于一端为固定端的悬臂梁或下端为固定端的悬臂柱,无论在与构件长度方向相垂直的集中荷载作用下还是在均布荷载作用下,变形曲线均凸向荷载作用方向,固定端处的曲线与原构件轴线相切,如图 2-39a 所示。推而广之,凡固定端支承点处,变形曲线的切线必定与固定端面相垂直。

(3)凡连续不动铰支承点处,两侧变形曲线的切线斜率不变,如图 2-39b 所示。

(4)凡不动铰支承点和固定端支承点处,在水平和竖直方向上均不得有任何位移;而滚动支承点处在沿滚动方向上可以有微小位移,如图 2-39c 所示。

(5)凡刚节点处,与该节点连接的杆件可以任意转动,但它们之间的夹角不变(图 2-39d);刚节点在荷载或其他作用力作用下,可能有位移,也可能没有。

(6)凡铰结点处,与该节点连接的杆件的夹角可以作任意变化,但由铰节点引出的变形曲线段为直线(图 2-39e);铰节点在荷载或其他作用力作用下,可能有位移,也可能没有。

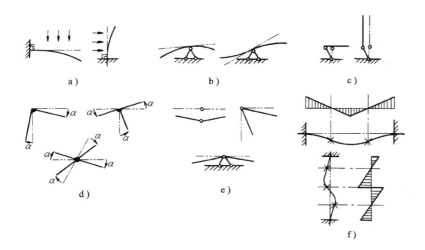

图 2-39 弯曲变形一般规律

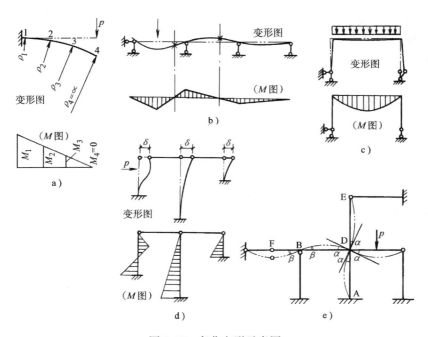

图 2-40 弯曲变形示意图

a）悬臂梁 b）连续梁 c）单跨刚架 d）两跨排架 e）两层两跨排架

（7）凡反弯点处（$M=0$），在变形曲线上为一拐点，连接拐点的变形曲线为一连续曲线；反弯点在荷载或其他作用力作用下有位移，如图 2-39f 所示。

（8）绘制弯曲变形示意图时，一般不考虑轴向变形，因而杆件的长度可以认为是不变的。

绘制弯曲变形示意图步骤如下：

1）画出构件在荷载或其他作用力作用下的弯矩示意图；

2）根据弯矩示意图和上述规律作变形示意图；作图时，一般从直接受载的构件画起，按顺序对与它连接的构件作图，最后画到支承处；

3）按照弯曲变形图的规律，对照弯矩示意图进行全面检查。

图 2-40 举例表示悬臂梁、连续梁、单跨刚架、两跨排架、两层两跨框架在荷载作用下的弯曲变形示意图。

2.4 充分利用材料性能

2.4.1 常用建筑结构材料的种类

现代建筑结构常用的建筑材料有钢材、混凝土、砌体、木材等。不同的建筑结构材料有不同的力学性质，结构工程师必须掌握主要结构材料的物理力学性能，合理使用，才能创造出优秀的建筑结构。在各种物理力学性能中，最主要的指标有材料的抗压强度、抗拉强度、弹性模量、自重等。

1. 钢材

常用的钢材（包括钢筋）有Ⅰ级钢和Ⅱ级钢，Ⅰ级钢为含碳量（质量分数）≤0.22% 的低碳钢，Ⅱ级钢也是低碳钢，但在其中掺入了（1.2~1.6)% 锰和（0.2~0.6)% 的硅。钢材有明显屈服点的称为软钢，没有明显屈服点的称为硬钢。钢材的抗拉抗压强度均较高，弹性模量也较大。弹性模量大则在同样力的作用下其变形小。在预应力筋及索膜结构中应用的钢丝，其抗拉强度更高，可达 8000MPa 或更高。

2. 混凝土

混凝土是水泥、砂、碎石或卵石和水通过拌和，经水化硬结所形成的人造石材。常用的混凝土强度等级为 C20、C30、C40，常用高强混凝土为 C50~C80。混凝土强度等级是指边长为 100mm 的混凝土立方体，在标准养护条件下按标准规定测得的抗压强度，亦称为立方体强度 f_{cu}。C20、C30、C40 混凝土的 f_{cu} 分别为 20N/mm²、30N/mm²、40N/mm²。但是，由于混凝土结构构件的形状尺寸与边长 100mm 的立方体不同，故 f_{cu} 不能代表实际构件中的混凝土强度。工程设计中所用的混凝土强度，是指由高宽比为 3～4 的混凝土棱柱体试件在压力机上测得的极限强度，称为抗压强度，以及由 100mm×100mm×500mm 试件在拉力机上测得的极限抗拉强度。抗拉强度约为抗压强度的 1/10 左右。

3. 砌体

砖砌体由烧结普通砖和砂浆砌筑而成。常用的烧结普通砖或小型混凝土砌块的强度等级有 MU10 和 MU7.5。常用的砂浆强度等级有 M5 和 M2.5。由某一强度等级的砌块和砂浆砌成的砌体抗压强度都比砌块和砂浆自身的强度低。常用建筑结构材料的力学性能列于表 2-14。

表 2-14　常用结构材料主要力学性能

	Ⅰ级钢	Ⅱ级钢	C20 混凝土	C40 混凝土	MU10 M5 砖砌体	MU10 M2.5 砖砌体
抗压强度标准值/（N/mm²）	$f_{yk}=235$	$y_{yk}=335$	$f_{ck}=13.5$	$f_{ck}=27$	$f_k=2.38$	$f_k=2.07$
抗拉强度标准值/（N/mm²）	$f_{yk}=235$	$y_{yk}=335$	$f_{tk}=1.5$	$f_{tk}=2.45$	$f_{tk}=0.21$（沿齿缝）	$f_{tk}=0.15$（沿齿缝）
弹性模量/（N/mm²）	$E_s=2.1×10^5$	$E_s=2×10^5$	$E_c=0.255×10^5$	$E_c=0.325×10^5$	$E=2370$	$E=1790$
主要应变值	$\varepsilon_y=1140×10^{-6}$	$\varepsilon_y=1700×10^{-6}$	受压极限应力时应变 $\varepsilon_c=2000×10^{-6}$ 受拉极限应力时应变 $\varepsilon_t=(100～150)×10^{-6}$		受压极限应力时的应变 $\varepsilon_m=5000×10^{-6}$	

注：1. ε_y 为屈服应力时应变。

　　2.《钢结构设计规范》GB 50017 规定钢材的弹性模量为 $2.06×10^5\,N/mm^2$。

2.4.2　弹性、塑性和延性

建筑材料还有以下几个方面的力学性能，应有定性的了解。

1. 弹性和塑性

弹性是指应力与应变成一一对应关系，有应力即有应变，应力取消，则应变可恢复，应力为零时，应变也为零。其中，应力与应变成正比关系时称为线弹性。所有结构材料，在应力较小时，都可以将其看作弹性或近似弹性。有些材料若应力超过某一限度（称为屈服极限或流动极限），则在应力不增长或略有增长的情况下应变继续增长，称为塑性。当应力恢复到零时，塑性应变不能恢复。

2. 塑性破坏和脆性破坏

材料破坏前有塑性变形阶段，这是材料破坏前的一个警告，这种破坏称为塑性破坏。相反，若材料在破坏前没有塑性变形阶段，或塑性变形极小，材料破坏前没有明显警告，破坏是突然的，则称为脆性破坏。钢材破坏一般为塑性破坏，素混凝土、砌体破坏大多接近脆性破坏，而钢筋混凝土结构则视配筋情况而异，有塑性破坏，也有脆性破坏。

3. 延性

延性一般是针对构件或结构而言，它是指结构（或构件）超越弹性变形后到破坏前的变形能力。延性指标常以极限变形与弹性变形的比值或差值来表示，如 $\Delta u/\Delta y$，Δu 为破坏时的极限位移，Δy 为刚屈服时的位移。延性指标愈大，则构件或结构的延性愈好，抗震结构常对延性提出要求。一般 $\Delta u/\Delta y \geqslant 4$ 时结构就有很好的延性。

常用建筑材料力学性能比指标列于表 2-15。

表 2-15　常用建筑材料的一些基本特性指标

	砌体 MU10，M5	混凝土 C20～C40	木　材	钢　　材
强度 f/（N/mm²）	$f_e = 1.58$	$f_e = 10～19.5$	$f = 12$	$f_y = 210～1000$
单位体积重 γ/（kN/m³）	≈ 19	24	≈ 5	78.5
f/γ	≈ 83	420～810	2400	2675～12740
拉压强度比 f_t/f_c	≈ 0.1	≈ 0.1	≈ 0.62	≈ 1
价格	低	低	高	高
适宜受力状态	受压	受压	弯、压	拉、压、弯

由表 2-15 可见，砌体和混凝土价格相对较低，是很好的抗压材料，但自重较大，不适宜建造高层和大跨。我国古代虽然受当时建筑材料所限，但仍有不少砌体建成的高塔，流传至今。例如著名的西安大雁塔（建于公元 952 年），正方形塔身底层为 25m×25m，共 7 层，高 64m。底层墙厚达 9.15m，中间只剩不到 7m×7m 见方的有效空间。大雁塔经历了一千三百多年的风风雨雨，保留至今，反映了当时我国砌体结构的设计和施工水平。

另外，古埃及和希腊神庙，用石料建造，采用直墙、拱顶，小跨石梁，形成了粗壮坚实的形象，但不能有很大的空间。钢材强度高，f/γ 值很高，适合高层和大跨结构。木材虽然也是很好的建筑材料，但易腐烂，怕火，价格昂贵。为了保护生态环境，应当尽量减少木材的采伐。在我国，木材目前主要用于高级装修，已很少用作结构构件了。

2.4.3　充分利用材料力学性能的组合结构

　　从表2-15可以看出：混凝土和砖石砌体抗压性能很好，而抗拉性能很差，抗拉强度只有抗压强度的1/10；钢的抗拉和抗压性能都很好。

　　因此，应当根据结构的受力特点选择材料，扬长避短。例如，可以利用混凝土、砖石砌体建造较大跨度的拱式结构；可以利用高强钢丝建造大跨度的悬索结构；还可以采用组合结构。常见的组合结构有钢—木屋架、钢—钢筋混凝土屋架等，以钢筋混凝土和木材作受压杆件，以钢材作为受拉杆件。

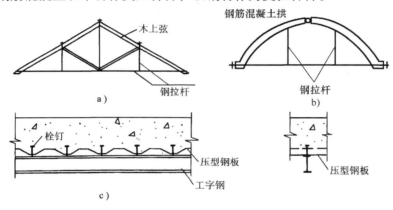

图 2-41　组合结构

a）钢木屋架　b）钢拉杆拱式屋架　c）组合结构楼盖

　　早期的钢木屋架是典型的组合结构形式，木材虽然抗拉强度不低，但受拉节点比较复杂，所以木材主要用做压杆，屋架中的拉杆采用槽钢、角钢或圆钢，使钢木屋架比木屋架轻巧得多。目前，常见的用圆钢做拉杆和钢筋混凝土斜梁组成的三铰拱屋架也是很好的组合结构。

　　其实，钢筋混凝土结构本身也是钢筋和混凝土的良好组合，也是一种组合结构。现代建筑中采用的钢梁、压型钢板和混凝土组成的楼盖系统是一种新型的组合结构，压型钢板既可作为施工时混凝土的"模板"，同时又是混凝土楼板的"钢筋"。在大型建筑结构中还可看到一些悬索结构屋面与大型钢筋混凝土拱（或框架）组成的结构形式。

　　像混凝土和砌体这一类脆性材料，其抗压强度很高，而抗拉强度很低，相差十分悬殊。从本质上讲，混凝土受压破坏是由于受压时的横向变形超过了材料的拉伸极限变形而引起的破坏。如果对横向变形提供一些约束，将大大提高材料的抗压强度。材料在三向受压状态下不仅强度提高，而且其抵抗变形的能力也大大提高，利用这种特性可大大改善结构的承载能力和提高结构构件的延性。工程中常见的网状配筋砌体，用网状配筋提高混凝土局压强度，另外螺旋钢箍柱等都是利用这种原理来提高材料强度的。抗震结构梁、柱节点附近往往要加密钢箍，其目的也是利用加密钢箍的横向约束，对节点附近混凝土形成三向应力状态，从而大大改善节点处混凝土的塑性性能，提高结构在地震作用下的延性，增强房屋的抗震能力。近年发展起来的钢管混凝土结构是在钢管中浇灌混凝土，是由管内混凝土承受压力、外部钢管提供侧向约束的组合结构，它也是应用三向受压来提高构件承载力和延性的很好例子，其承载力比管中混凝土及外围钢管分别受压的承载力大得多。从受压试件可以看出，即使压到钢管屈曲起皱达10～20mm，剖开试件后混凝土仍基本完好，有时甚至没有明显的裂缝。可见三向应力状态对提高材料强度和塑性都十分明显。在结构设计中应当充分利用这些特性，来改善结构的受力状态。钢管混凝土构件在高层、桥梁中的应用日益广泛，见图2-42。

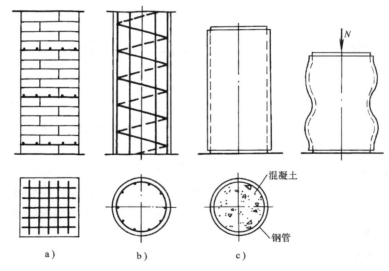

图2-42　各类混凝土柱

a）网状配筋砌体　b）螺旋箍筋柱　c）钢管混凝土

原西德的法兰克福飞机库是充分利用材料特性的优秀实例。如图2-43所示，机库中间部分为三层框架结构，西两侧为悬挂式结构。悬索用高强钢索，压杆用钢筋混凝土双曲拱壳。这种结构受力合理，造型美观，充分利用了材料的特性。

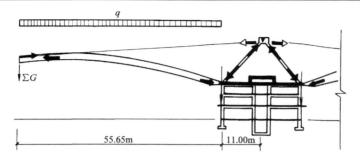

图 2-43　德国法兰克福飞机库

近几十年来在大型公共建筑中兴起的"整体张拉结构"是充分发挥材料强度特性的一种新型结构，如图 2-44 所示。一般的屋盖结构，上弦不是受压就是压弯构件，由于细长杆的稳定问题，压弯、受压很难充分利用钢材的强度，尤其对高强钢索，而用钢筋混凝土构件，则由于自重过大难以建造超大跨度的结构。整体张拉结构上、下两层索均使之受拉，下弦索受拉是自然的，上弦索则是通过施加足够的预应力使之在使用过程中呈受拉状态，斜腹杆布置为拉杆，只有竖腹杆受压，因此，整个结构受拉杆特别多，只有几根竖腹杆受压，有人称这种结构是"在拉力的海洋中有几个受压的小岛。"受拉杆均用高强钢束，受压竖腹杆用钢管制作，因之技术经济指标极好。如韩国汉城

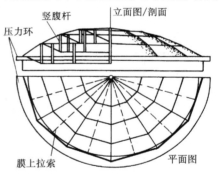

图 2-44　整体张拉结构

奥运会体育馆，直径 120m，结构自重仅 15kg/m^2。美国佛罗里达州建成的"太阳海岸穹顶"，直径 225m，结构自重仅 10kg/m^2 左右。

2.5　注意施工过程

建筑结构工程师设计新建筑时，对预计完成的整体结构一般进行过精细的分析。但建筑结构一般是由一个个构件逐步叠加建成的，当结构尚未完成时，常常处于不稳定状态，如果设计考虑不周或施工措施失当，则容易造成结构失效。

例如，上海某工业厂房加工车间为五层升板结构，如图 2-45 所示。该工程采用天然地基、片筏基础，预制柱插入基础杯口深 1.25m。柱网 5.5m×5.5m，柱断面尺寸 400mm×400mm，三层以下混凝土强度 300 号（相当于 C28），配

4Φ25主筋。四层以上为现浇钢筋混凝土柱，混凝土标号为 200 号（相当于 C18），配筋 4Φ16。底层层高为 5.5m，二层以上各层为 4.5m。主体建筑总高 23.5m，建筑面积 2348m²。楼板采用钢筋混凝土平板，板厚 180mm，就地浇筑，逐层提升。

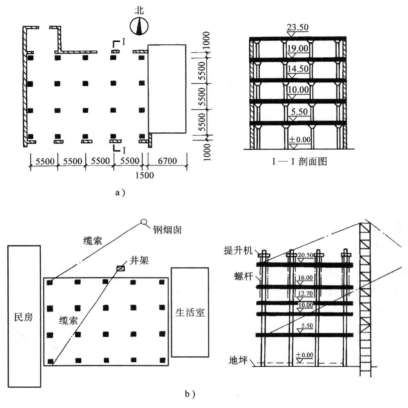

图 2-45　升板结构事故分析简图

　　提升设备采用爬升式蜗轮蜗杆电动提升机，电动机功率为 3kW，丝杆长度为 2m，提升速度为 1.8m/h，提升机自重 500kg，每台提升能力为 30t。

　　该工程于 1973 年 12 月开始施工，1974 年 5 月 10 日吊装完下面三层预制柱，6 月 25 日将屋面板升至预制柱顶，7 月 7 日浇筑完四、五层柱子，7 月 12 日开始在现浇柱上升板。倒塌前，二、三层楼板已经就位，搁置在承重销上，其他各层楼板分别支承在 12.7m、16.0m、19.0m 标高的休息孔的钢销上。所有柱帽均未开始施工，柱与板之间也无其他连接措施。7 月 20 日上午提升机正在空车下降丝杆，准备把第三层板从 19.0m 处提升到 20.5m 处，当天，来了一股大风，整个结构发生摇晃、倾倒，数秒钟之内升板结构全部倒塌。倒塌后，除二层楼板朝南位移 4.55m 外，其余全朝北位移。倒塌时造成 15 人死亡，31 人受伤。

事故后对设计计算、施工工艺和工程质量进行了全面的调查复核。认定事故的主要原因是设计计算假定与施工实际情况不符，施工中采取的稳定措施不力，致使群柱整体失稳，造成倒塌。

首先是设计时未考虑施工的实际情况。计算时将五层柱子分两段验算其强度与稳定性，第一段为下面三层预制柱，假定下端固定，上端为弹性铰支。第二段计算上边两层柱子，假定柱子下端（即四层楼面处）为固定，上端为铰支如图 2-46a。但是，本工程的施工单位未理会设计意图，采用一次提升完毕的实施方案，实施前并未与设计单位共同研究施工时的技术措施。实际施工中的柱子，是一根根独立的长细比很大 $[H_c/b=(23.5+1.25)/0.4=62]$ 的悬臂柱，

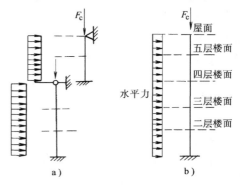

图 2-46　柱子失稳分析简图

承受了各层楼板传来的轴向压力和水平风力（图 2-46b）。这种施工时结构的受力状态与设计假定完全不符。最终导致结构因柱子群体失稳而倒塌。

又如四川某钢筋混凝土拱桥，跨度 156m，采用悬臂吊篮法施工。这种施工方法由拱脚向跨中逐步用吊篮分段浇筑。在两边即将合拢时突然坍塌。事后经复核分析，主要是未验算在单边悬臂状态下，端部受施工荷载作用时的弯扭失稳。

2.6　具有抗灾能力

建筑结构设计既要保证结构使用阶段的安全，还有责任向施工单位进行设计交底。施工单位在编制施工组织设计时，一定要认真检查设计施工图，了解设计意图。必要时还要进行施工阶段的结构力学分析，确保施工的结构安全。在施工阶段，设计与施工单位的技术配合与勾通是非常重要的。

这方面比较成功的例子是美国的帝国大厦。

1945 年 7 月 28 日上午，一架 B25 飞机由于云雾撞在当时世界最高（381m）的建筑物纽约帝国大厦上，撞击位置在 278m 高处的 79 层北侧，外墙撞出 5.5m×6m 的孔洞，机翼剪断，飞机的二个发动机撞脱，一个横穿楼层并通过南侧外墙飞落到另一街区的建筑物屋顶上，另一个则击穿该楼层的电梯井壁，跌落在电

梯井中。飞机撞击中心几乎对准中柱的轴线，但上下位置正好在刚度很大的楼板上，支承楼板的梁向后挠曲了45cm，而柱子几乎没有损坏。帝国大厦为钢结构，主体框架全部铆接，结构有很好的延性和冗余度，荷载有多种途径传递。所以结构虽然局部受损，整体性能并没有受到影响。

失败的例子有英国的罗曼（Ronan Point）公寓。伦敦 Ronan Point 公寓是22层的装配式钢筋混凝土板式结构体系。1968年5月16日，住在18层一单元的住户在厨房清晨点火煮水时因夜间煤气泄漏引起爆炸。爆炸压力破坏了该单元二侧的外墙板和局部楼板，上一层的墙板在失去支撑后也同时坠落，坠落的构件依次撞击下层造成连续破坏，使得22层高楼上、下同列单元全部倒塌。

我国也有由于连续倒塌引起结构失效的事故。辽宁一幢砖混结构由于一起燃气爆炸引起房屋结构连续倒塌的事故，发生在20世纪90年代初的一个冬天。建筑物平面、立面见图2-47，东侧为单层结构，包括会议室、餐厅、厨房和门厅；西部为50m长的5层砖混结构，楼层为单向预制板、横墙承重，仅在与门厅相连处为局部6层，其中有二根混凝土构造柱和楼梯间，且其中的5层楼板为现浇。建筑物按7度抗震设防，1、3层和顶层处均有圈梁。

在发生事故的前一天晚上，建筑物东侧厨房内的天然气塑料管道开裂，泄漏大量燃气并扩散。翌日凌晨发现后经包扎管道并打开厨房门窗通风，然后正常点燃使用。约1.5h后有人上班进入与厨房之间有大餐厅相隔的会议室，在会议室内划火柴抽烟，瞬即引起爆炸。爆炸造成会议室、餐厅、门厅的严重损坏，会议室的大部分预制屋面板被掀起坠落，墙体变形破裂但未倒，故未造成东侧房屋的整体塌毁。但离爆心最远处，长43m的5层砖混房屋全部倒塌，碎片堆积高度达5～6m。紧挨门厅的局部6层结构因有钢筋混凝土构造柱和现浇板仍部分残存。

这是一起典型的室内燃气爆炸，爆炸产生的是有升压过程的压力波。厨房燃气的夜间泄漏已扩散到会议室，并超过了天然气爆炸浓度的下限（约为4.5%），遇明火后引起爆燃。爆炸产生的压力波向四周扩散，门厅内也有轻微燃烧痕迹，此处发生燃烧应是会议室内的燃气在压力波推动下进入门厅所致，此前也有人在门厅内抽烟而未引起爆炸。再远处的6层走廊内已无燃烧现象，所以进入5层砖混结构室内的压力波纯粹是扩散生成的，已无爆燃作用。如同绝大多数的燃气爆炸一样，这次爆燃引起的压力波在传播过程中没有形成更为严重的冲击波。在5层楼底层房间内的有些人是在听到爆炸声响，并突然发现室内已经没有了原来关闭的门窗扇之后，才紧急从窗口跳到室外逃生的。如果是没有升压过程的冲击波，人就会在窗户破坏前被击倒，事先也听不到爆炸声。室内燃气爆炸所产生的

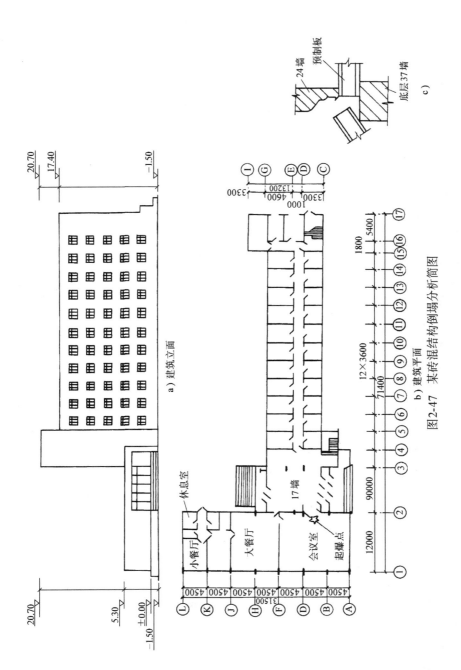

a) 建筑立面

b) 建筑平面

c)

图2-47 某砖混结构倒塌分析简图

最大压力一般为 25～50kPa，升压过程可长达 0.1～0.3 秒。根据会议室的空间及门窗泄压面积，可从不同经验公式估算会议室内的最大压力平均为 11kPa 左右，估计不会超过 15kPa。门厅处的门窗泄压面积更大，此处压力不可能高于会议室，所以经过扩散进入五层楼底部的压力波峰值压力不大可能超过 10kPa。在室内燃气爆炸中，这一压力强度是比较低的。

砖墙抵抗爆炸侧压作用的能力在很大程度上取决于墙体中的轴力。轴力愈大，抗侧压能力愈强。压力波进入五层楼底部后，首先作用在结构底层的④轴横墙上，④轴在 2 层以上都是没有横墙的大开间，上部再没有横墙压住。当爆炸力向上作用于 2 层的楼板，只要有 3kPa 的压力就能抵消楼板的重力，这时的横墙恰如没有轴力作用的竖向悬臂构件，只需不大的侧压就能推倒。④轴墙体的倒塌使预制板坠落，图 2-47c 表示了墙板节点，从中可以看到当楼板在轴④一端失去支承下坠时，另一端翘起并滑落必将损坏轴⑤的墙体截面，加上底部还有压力波的侧压作用，于是⑤轴墙体也遭破坏，依次发展，就像多米诺骨牌似的发生连续倒塌。据估算，如果④轴墙体上面不是大开间，而是同其他位置一样有墙体直达五层，这时的底层墙体大概能够承受 19kPa 的侧向压力。但是比这更小的压力就能破坏预制楼板，如果楼板下坠也会带动墙体倒塌。

要完全消除燃气爆炸偶然作用对房屋结构的损害比较困难，按照可能产生的爆炸压力进行结构设计需要付出的经济代价过大。但是设计应该防止结构出现大面积连续倒塌的可能。圈梁对地震水平力比较有效，对于上下左右作用的均布爆炸压力起不了太大作用。为了防止多层砖结构连续倒塌，应该设置必要的钢筋混凝土构造柱；预制板楼层应该设置必要的现浇带；支于墙体的预制板端部，应该有拉筋与邻跨的预制板相互连接以防止坠落。这些都与安全系数无关，但对结构安全性至关紧要，可是在一些工程设计施工中往往被忽略。

当结构出现某些局部破坏之后，是否会出现整幢建筑物的倒塌，除依赖于材料特性外，还依赖于材料的分布和整个结构的机动特性。在如图 2-48a 所示，即伦敦公寓结构示意图中，当某层发生爆炸而失去支撑之后，就会出现图 2-48b 所示的"机构"。在这个"机构"中，某些地方的内力或变形过大，超过材料的抗力，导致房屋的倒塌。为此，必须加强某些位置的强度和延性性能，以防止结构的连续倒塌。如在各层的梁、板连接处加上必要的连接，则连续倒塌的悲剧即可避免。

为了增加结构的抗灾能力，有时故意设计一些"薄弱"环节，当灾害作用超过常规值时，薄弱环节可先破坏而"耗能"，使整体结构保持完好，达到"丢车马，保将帅"的目的。这在抗震结构中尤为重要。例如由华裔美籍结构专家

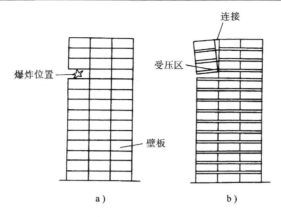

图 2-48　失去支承结构可能出现的"机构"

林同炎设计的墨西哥城美洲银行大厦就是非常成功的例子。这幢大楼是一幢 18 层的塔楼（高 61m），筒中筒结构，外筒平面尺寸为 22.35m × 22.35m，内筒平面尺寸为 11.6m × 11.6m。内筒由四个 L 形小筒体用连系梁连接而成，连系梁中间开了较大的孔洞，成为结构的薄弱环节。1972 年 12 月 23 日发生的马那瓜地震，此楼正好位于震中地区，它旁边有半寸宽的地裂缝，它附近的中央银行大楼（长 44.2m，宽 12.5m，15 层），遭到严重的破坏。但美洲银行大楼除在连系梁上发生剪切破坏外（这本是预期的），连墙体都没有破坏，整个建筑安然无恙，为什么？因为地震来时，内筒的连系梁首先破坏，变成 4 个 L 形小筒，但它的抗侧移能力降低不多，而它在地震作用下的动力反应却大为减少，因此就保持了结构的稳定性，未遭破坏。地震后，对美洲银行大楼作了动力分析，结果是：平时 4 个 L 形小筒连成整体共同工作时，房屋的振动周期为 1.3s，基底剪力为 2.7×10^4kN，倾覆力矩为 9.3×10^5kN·m，顶部位移为 12cm；地震时，连系梁破坏，4 个 L 形小筒脱开，分别独立工作，则房屋的振动周期变为 3.3s，基底剪力减为 1.3×10^4kN，倾覆力矩降为 3.7×10^4kN·m，顶部位移则增至 24cm $\left(\dfrac{\Delta}{H} = \dfrac{0.24\text{m}}{61\text{m}} = \dfrac{1}{254} \right)$。可见美洲银行大楼之所以未遭破坏，在于它在设计时事先就让连系梁成为薄弱环节，地震来时首先破坏，从而使筒体结构的刚度降低，振动周期加长，基底剪力和倾覆力矩减小，这样就保证了整个结构的安全。当然顶部位移增大了一倍，使 $\dfrac{\Delta}{H} = \dfrac{1}{254} > \dfrac{\Delta}{H} = \dfrac{1}{400}$，这是一弊，但整个房屋未倒塌，稍加修复后即可继续使用。

2.7 配合建筑美观

建筑除了一些功能要求外，美观也是很重要的。结构在保证安全的前提下，尽量用较少的材料，并要根据材料特性采用合理的结构形式，这时可能和建筑发生矛盾，优秀的结构工程师应该把外部形式的美观和内在结构的合理布局有机地协调起来。

许多古典建筑形式整齐划一，对称均衡，具有和谐的比例关系和韵律、节奏感，各组成部分衔接得巧妙、严谨，成为留传千古的历史文化建筑。例如，赵州桥是世界最著名的古老的割圆拱桥，为 1300 年前隋代工匠李春所建造。割圆拱跨径 32.27m，采用空腹式拱代替实腹式拱，这是一种科学的创新。空腹式拱桥既减轻了恒载，又增加了排洪面积，消除了实体拱笨重呆滞的造型，融功能、技术、经济、美观为一体。该桥曲线明快，构思巧妙，富于活力，为后来的拱桥发展起了极大的推动作用，如图 2-49 所示。

图 2-49　赵州桥

近代建筑中，建筑方案是否美观，是否有创意，在竞标中常起决定作用。上海的东方明珠塔，北京的国家剧院和 2008 年奥运主体育场，虽然结构复杂，但均以其造型出乎常人之设想而胜出。又如，塞弗林桥（Sever in bridge）位于德国科隆市区，跨越莱茵河。在桥位的左岸高耸着一座哥德式教堂，成为城市景观的一个注目点。桥位于莱茵河通航的港区，尤其左岸部分，由于船舶航行频繁，水中不宜设墩。

根据可行方案，首先拟定了三种桥型（如图 2-50a、b、c 所示）。这三个桥型在景观上都有一个致命的弱点，就是桥型呆板，因教堂的美丽景象被遮挡而失色。从整个环境设计考虑，提出桥型不对称布置（如图 2-50d、e），这样教堂所在的左岸景色将不受影响，在右岸一侧布置桥塔，而使左岸的桥梁隐蔽在建筑群

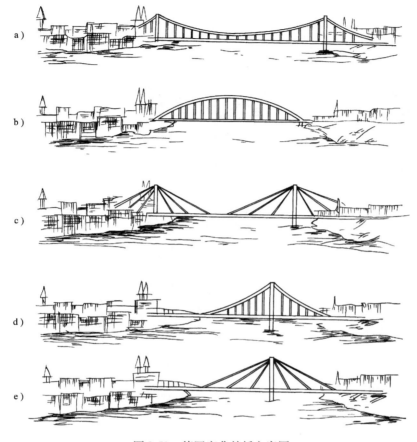

图 2-50　德国塞弗林桥方案图

中，逐渐从视线中消失。远看，左岸的教堂尖塔与右侧悬索桥主塔呼应并立，显得对称协调，在不破坏原来城市左岸景观的前提下，又使右岸平添景点。桥上看塔，塔上看桥，该方案都具有宽阔的景观背景，受到赞许和肯定。但从力学和经济性方面来看，悬索桥虽然经济，但做成半跨独塔是有问题的，所以在造型总体设计肯定的情况下，最后采用了独塔斜拉桥的方案。

再如，悉尼港湾大拱桥，跨度超过 500m，从技术经济上分析，采用悬索桥更经济些。当时在讨论方案时，确实有两个主要方案：悬索桥和拱桥。从单桥看，悬索桥类似美国旧金山的金门桥，经济上又占优势，似应为首选方案。在评选方案时，有人设想海船进港的景观，对悬索桥而言，首先看到两侧塔尖，逐步看到下垂吊索，到近处才看到整桥；而对于拱桥而言，首先看到拱顶，逐步加宽，犹如斜月升空，又如彩虹当头。觉得观感比悬索桥好多了，于是决定建成拱

图2-51 悉尼大拱桥与歌剧院

桥。历史证明，这一选择是非常正确的。这一拱桥与悉尼歌剧院交相辉映，成为悉尼的又一标志性建筑见图 2-51。

澳大利亚悉尼市的悉尼歌剧院位于悉尼大桥附近的班尼浪半岛上，是各国船只进出港时必经之地。歌剧院由八片白色壳体组成，犹如一片片贝壳嵌于海滩，也如一艘艘帆船开出港湾，建筑与自然浑然一体，优美之极，给人们以极大的美感，吸引了无数的国外旅游者。因而成为悉尼乃至澳大利亚的代表性建筑。但是这一建筑在结构上是非常不合理的。应该说，它的建筑方案是很有特点的：八个薄壳分成两组，每组 4 个，分别覆盖两个大厅。另外还有两个小薄壳置于餐厅之上。两组薄壳对称互靠，外贴乳白色面砖，给人以丰富的联想：好像白帆，犹如贝壳，姿同海浪，貌似莲花。它已经成为悉尼的标志，无疑是很成功的。这个杰作出自 38 岁的丹麦建筑师 D. J. 乌茨之手，它从 30 个国家参加竞争的 232 个设计方案中脱颖而出，不可不谓出类拔萃！然而这位杰出的建筑师，对结构方案却考虑太少了。这 10 个双曲壳体向上悬臂斜挑，姿态各异。原方案中，10 个壳体壳形各异，后来为了施工方便和经济因素，才统一为在一个直径为 65m 的圆球面上，割出大小不同的三角瓣，分别作为 10 个壳体的曲面，以利预制。这个工程的结构方案最致命的缺点是：选错了结构形式。双曲壳体用作屋盖时都是凸面向上平放，当受重力作用时，通过壳体的薄膜压应力来抵抗外荷载。当受风力作用时，所受的向上风吸力，只要小于壳自重，一般也无害。可是悉尼歌剧院的壳体，都是悬臂斜向悬挑，当受重力作用时，壳体内根本不是薄膜压应力，壳体的优越性完全没有了。当受风力作用时，如风力作用于壳体凸面，则在壳体自重的联合作用下，更增加了使壳体倾覆的可能。因此，经多位优秀结构工程师的计算，结论是这组壳体根本无法实现。但这组建筑外形的确独特，也不忍割爱，只好在保留外形的条件下，改变内涵的结构形式。最后决定采用由许多大小不同的三铰拱并列拼接而成的"壳体"。三铰拱为钢筋混凝土预制构件，截面是 Y 形与 T 形，挺立的拱肋由大而小，顺序成对并列，拼凑成"壳体"曲面。待就位成型后，用后张法施加预应力，使之形成整体。拱肋上铺预制扇形混凝土板，板上贴白瓷面砖。由三铰拱形成的"壳体"，外表面呈球面三角形，其凹面形成招风的口袋。拱在与招风荷载反向的风荷载作用下，其受力状态与平常拱在重力荷载下的情况完全相反，拱内应力不是受压，而是受拉，必须利用拱的自重和施加预应力才能抵消拱内拉力。拱在上述风荷载作用下所引起的整个"壳体"的倾覆问题，则需靠"壳体"和基础的自重来抵抗，以及在拱脚采取抗拉措施解决。因此，悉尼歌剧院的屋盖外形似壳，其实不是壳，而是一系列三铰拱组合而成的"壳体"，两者受力状态完全不同。原设计人曾估计这个壳体的厚度是：壳顶

100mm，壳底 500mm，壳体边缘很薄，特别好看。但改用三铰拱方案，拱肋边缘很厚，显得笨重，与建筑师原来的想象大不相同。这个工程 1957 年选中方案。1959 年动工，直到 1973 年完工，中间因结构不合理而引起的施工困难和经费超支，曾使工程两次停工。几经周折，经过多届政府，历时 14 年终于竣工。预算造价 350 万英磅，实际造价 5000 万英磅，超过 10 多倍。可见建筑师的设计方案，不管多么出类拔萃，如果不和结构工程师密切配合，都将会造成经济上的浪费和施工上的困难。但对于悉尼歌剧院这种传世之作，被誉为"难得的艺术珍品"的不朽建筑，克服结构上的困难而造就建筑的风貌，现在看来还是值得的。但对一般建筑来讲，这种代价太大了，不值得提倡。

2.8　重视构造设计与施工

重设计计算，轻构造细节，这是一些结构工程师常犯的"轻敌"毛病。构造细节处理不当，也会引起结构失效。因为构造千差万别，种类繁多，不能一一说明。这里仅举两个例子来说明构造失误造成的后果也很严重。

【例 2-14】　某 15m 组合屋架的事故因结点设计不安全而造成事故。

某单位的饭厅兼礼堂，于 1971 年 7 月建成。屋架采用组合屋架，跨度 15m，见图 2-52a，屋面采用钢筋混凝土挂瓦板，上铺小青瓦，交付使用后已经过了一冬一春，当年冬天还下了一场较大的雪，并未发现反常现象，也未发现有过大的变形。1972 年 8 月，因发现屋面有几处渗水，上屋面察看，见到屋面不平，局部有较大下垂。根据这一现象，立即仔细检查，发现端间一榀屋架下弦节点已破坏，下弦挠度很大，上弦裂缝严重。整个屋盖共有四榀屋架，其余三榀屋架节点虽未达破坏，但也不同程度地存在裂缝，其位置及破坏形态也与破坏的屋架相同。于是决定停止使用，进行分析加固，因而未造成更大的恶性事故。

由图 2-52 可知，组合屋架两端拉杆为 2 ϕ 28，伸过节点与中间的 1 ϕ 28 拉杆绑条对接焊相联结，斜腹杆为混凝土柱，斜拉杆为 1 ϕ 20。斜拉杆上、下锚入混凝土中，在下弦节点处弯一圆弧与水平受拉钢筋焊牢。在节点破坏处，斜拉杆已从下弦节点处拉出，焊缝撕断，下弦节点处在水平钢筋以上的混凝土被斜拉杆拉裂破碎而抛出。由于斜拉杆拉脱，节点急剧下垂达 220mm，上弦严重裂缝，全屋架已经破坏，处于倒塌的边缘。

事故原因主要是下弦节点构造设计不合理。斜拉杆弯入斜压腹杆，本意为保证锚固长度，实际上因斜拉杆的受力方向与受压腹杆的轴线不相一致，斜拉杆在节点中能起锚固作用的距离很短，靠锚固传力极不可靠。斜拉杆与水平钢筋焊接

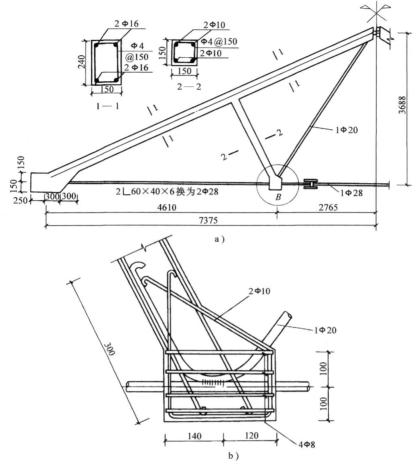

图 2-52 【例 2-14】组合屋架和节点

为圆弧与直线相切，要求满焊，实际上只能点焊，故只能起到定位作用。若由焊接传递拉力，而焊缝完全不能满足传递拉力的要求。在荷载作用下，焊缝首先拉坏，进而节点处混凝土拉碎抛出，造成节点失效，使屋架破坏。

【例 2-15】 某单位一金工车间，跨度 12m，有一个 3t 起重机。原设计为砖牛腿加混凝土垫块来支承吊车梁，为防止偏心压力下混凝土垫块翻落，设计要求有一插入砌体的锚栓与之连结。施工时发现，砌体上几乎不可能将锚栓插入。于是，与设计人员洽商，将垫块下的砌体改为混凝土，从强度置换看，似乎没有问题。但施工完毕，交付使用后，垫块与吊架梁翻落很多。分析其原因是，混凝土置换砌体时保留了外伸（40mm × 60mm）的砖砌体，施工时一般将其先砌筑好作为浇筑混凝土的外模。由于悬挑，浇筑混凝土时不敢充分振捣，从而导致混凝土疏松，强度不足，而挑出的砖块是浮贴在混凝土面上，一遇压力便脱落，继而混凝土压碎而导致吊车梁倾覆，造成很大的损失。这种工程事故的性质实在低劣，见图 2-53 示例。

由上例子可以看出，构造细节的处理十分重要，万万不可轻视。

又如，在混合结构中常设置构造柱与圈梁，这是非常重要的构造措施，圈梁对抗震，抵抗温度变化及地基沉降造成的不利影响非常有利。

当地基产生不均匀沉降时，房屋就会有较大的整体变形。我们可把整个房屋看作一个受弯的"梁"，当房屋中部下沉时，设在基础顶面的圈梁就像"梁"的配筋一样承受拉力。尽管圈梁的配筋很少（一般只配 4 φ 10 或 4 φ 12），然而这根"梁"的有效高度很高，相当于房屋总高，内力臂很大，很少的几根钢

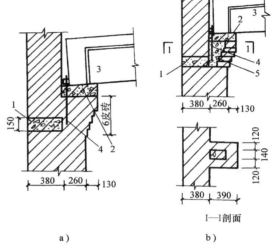

图 2-53 【例 2-15】吊车梁支座构造大样

a) 原设计梁支承大样：

1—钢筋混凝土圈梁 2—钢筋混凝土垫块

3—屋面大梁 4—锚栓

b) 改造后设计梁大样

1—圈梁 2—垫块 3—屋面大梁 4—锚栓 5—水泥砂浆

筋就可以承受这个弯矩，阻止砌体开裂，并减少不均匀沉降。反之，当房屋两端下沉时，则设在房屋顶部的圈梁受拉，作用完全相同。同时圈梁对加强楼盖的整体性，提高楼盖的水平刚度，从而改善结构抵抗水平外力的能力起到关键性作用。由此，我们就不难理解为什么圈梁要成"圈"，圈梁不能随意弯折，圈梁的钢筋必须锚固可靠。

在混合结构的抗震构造中还广泛采用构造柱。构造柱和圈梁一样，截面小、配筋少，往往不被重视。然而，构造柱和圈梁像对砌体房屋从整体上加的竖向和水平向的箍一样，把房屋紧紧地捆在了一起，增强了房屋结构的整体性，提高了砌体结构的延性，改善了砌体的受力性能。地震时，尽管房屋的局部可能有损伤，构造柱和圈梁可保证房屋整体不散架，不倒塌，从而有效地提高了房屋的抗震能力。以上只是通过简单的实例来说明建筑结构中细部构造处理的重要性。

第 3 章

梁板结构（楼盖）

3.1 概述

钢筋混凝土梁板结构主要用于楼盖（屋盖）结构中。楼盖是建筑结构的主要组成部分。

楼盖结构的作用非常重要。首先它是用来承受作用在其上的使用荷载，建筑做法和结构本身的自重。同时，它还承受作用在房屋上的水平荷载，由它作为水平深梁，并具有足够的刚度，将水平荷载分配到房屋结构的竖向构件墙和柱上。另外，楼盖结构作为水平构件，还与墙柱形成房屋的空间结构来抵抗地基可能出现的不均匀沉降和温差引起的附加内力。所以楼盖结构的选型、结构布置和构造处理非常重要。房屋结构的寿命，一方面要用计算分析来保证，同时还要通过概念设计来完成。这里所说的概念设计，是指结构选型、结构布置和构造措施的合理性。通过概念设计和计算分析，一方面保证结构构件的承载能力，同时使房屋结构具有足够的整体性，保证房屋结构的空间工作能力。楼盖的作用在第 10 章多高层房屋结构中还将做进一步阐明。

房屋的高度超过 50m 时，宜采用现浇楼面结构，框架—剪力墙结构应优先采用现浇楼盖结构。

楼盖结构在房屋结构中所用材料的比例较大。特别是多层和高层房屋中，它是重复使用的构件，所以楼盖结构经济合理与否，影响较大。混合结构建筑的用钢量主要在楼盖中；6～12 层的框架结构建筑，楼盖的用钢量也要占全部用钢量的 50% 左右。因此，选择和布置合理的楼盖形式对建筑的使用、经济、美观有着重要的意义。

钢筋混凝土楼盖按其施工方法，可以分为现浇、装配和装配整体式三种形式。常用的钢筋混凝土楼盖按其楼板的支承受力条件不同又可分为肋梁楼盖、密肋楼盖和无梁楼盖。

3.2 现浇肋梁楼盖

现浇肋梁楼盖是最常见的楼盖形式之一。肋梁楼盖一般由板、次梁和主梁三种构件组成，见图 3-1。肋梁结构体系可作为房屋结构的楼盖，也可用于片筏基础、水池的顶板和底板结构等。

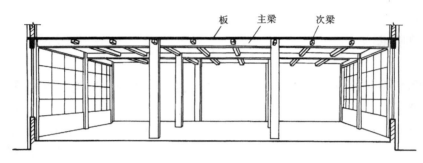

图 3-1 现浇肋梁楼盖

当楼盖中的板为单向板时则称为单向板肋梁楼盖；当板为双向板时则称为双向板肋梁楼盖。

单向板肋梁楼盖垂直荷载传递路线为：

板——→次梁——→主梁——→柱（或墙）——→基础——→地基。

双向板肋梁楼盖垂直荷载传递路线为：

板——→梁——→柱（或墙）——→基础——→地基。

肋梁楼盖的传力途径与计算简图见表 3-1 所示。

表 3-1 肋梁楼盖传力途径与梁板计算简图

	单向板肋梁楼盖	双向板肋梁楼盖
结构布置平面	次梁传给主梁的集中荷载　l_2　1000 板的计算单元　L-1　l_1　L-2　次梁的荷载带	l_2　A　L-2　l_2　L-1　l_1

（续）

单向板肋梁楼盖	双向板肋梁楼盖
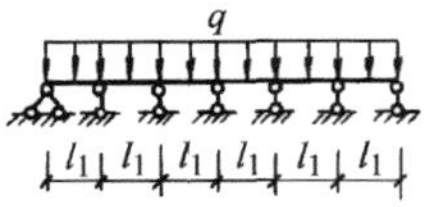 **板的计算简图** 取1m宽板带为计算单元	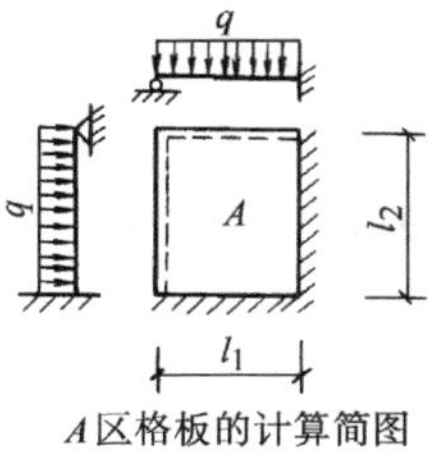 A区格板的计算简图
梁L-1的计算简图 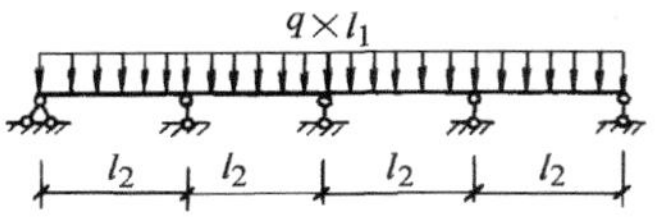 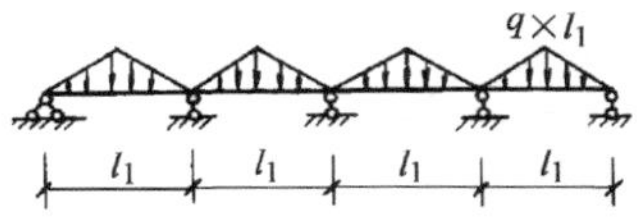	
梁L-2的计算简图 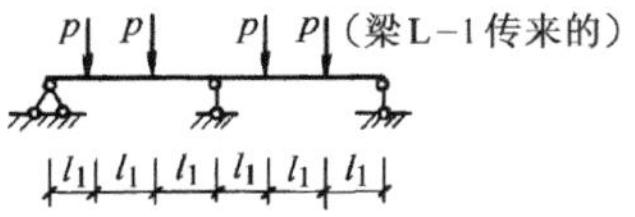 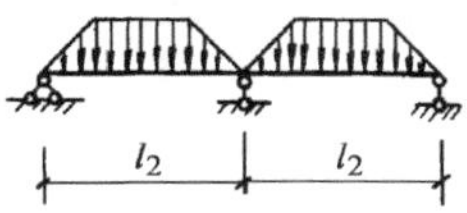	

3.2.1　钢筋混凝土连续梁（板）的内力计算方法

肋梁楼盖中板、次梁和主梁一般均为多跨连续超静定结构。设计连续梁（板）时，内力计算是比较重要的内容。其内力计算的方法有两种，一是按弹性理论计算；二是考虑塑性变形内力重分布的计算方法。

1. 按弹性理论计算的方法

按弹性理论计算是将钢筋混凝土梁看成弹性匀质材料，内力计算是按结构力学中所述的方法进行。

（1）荷载的最不利组合　连续梁所承受的荷载为活荷载及恒载两部分，活荷载的作用位置是变动的。可能不同时作用在各跨上。要使构件在多种可能的荷载布置下，都能安全使用，就需要确定构件多截面上可能发生的最大内力。因此，就有一个活荷载如何布置，与恒载相组合，使指定截面的内力为最不利的问题。这就是荷载的最不利组合。

（2）等跨连续梁（板）的内力计算　根据荷载的不利组合确定荷载位置后，

即可按结构力学的方法进行连续梁的内力计算。为计算简便，对于 $2 \sim 5$ 跨等跨连续梁，在不同的荷载布置作用下的内力计算已制成表格，查得相应的内力系数，即可求得相应截面的内力：

均布荷载作用，$M = kqL^2$（弯矩值）

$$V = k_1 qL \quad （剪力值）$$

集中荷载作用，$M = kpL$

$$V = k_1 p$$

k 与 k_1 为弯矩与剪力系数，可由计算表格中查出。

（3）内力包络图 内力包络图包括弯矩（M）包络图与剪力（V）包络图。作包络图的目的，是求出梁（板）各截面可能出现的最不利内力，并以此来进行截面配筋计算及沿梁（板）长度布置钢筋和确定切断点。

2. 考虑塑性变形内力重分布的塑性计算方法

（1）内力重分布的基本概念 按弹性理论计算的方法，认为结构上任一截面的内力达到该截面承载能力极限时，整个结构即破坏，这个概念对于静定结构来说是对的。而对于钢筋混凝土超静定结构来说，某一个截面的内力达到承载能力极限时，不一定导致整个结构破坏，它还有一定的安全储备。另外，按弹性理论计算的方法把钢筋混凝土看做匀质弹性材料，忽略了它的塑性性能，也反映了这种计算方法的局限性。

对于超静定结构，如钢筋混凝土连续梁，由于存在多余连系，某一截面的屈服，即某一截面出现塑性铰，并不能使结构立即成为破坏机构，而还能承受继续增加的荷载。当继续加荷时，先出现塑性铰的截面所承受的极限弯矩 M_u 维持不变，截面产生转动。没有出现塑性铰的截面所承受的弯矩继续增加，即结构的内力分布规律与出现塑性铰前的弹性计算不再一致，直到结构形成几何可变体系。这就是塑性变形引起的结构内力的重新分布。塑性铰转动的过程就是内力重新分布的过程。

（2）均布荷载作用下,等跨连续梁(板)按塑性计算内力的公式

考虑塑性变形内力重分布计算连续梁（板）的内力，就是先按弹性计算方法求出弯矩包络图，然后人为地调整某截面的弯矩。由于按弹性计算的结果，一般支座截面负弯矩较大，这就使得支座配筋密集，造成施工不便。所以一般都是将支座截面的最大负弯矩调低，即减少支座弯矩。一般调整的幅度不大于 30%。

根据上述原则，可导出下面的内力计算公式：

$$M = \alpha(q + p)l^2 \quad （kN \cdot m）$$

$$V = \beta(q + p)l_0 \quad （kN）$$

式中　α、β——弯矩和剪力系数，可从规范中查得；

　　　l、l_0——计算跨度及净跨（m）；

　　　q、p——均布恒载及活载（kN/m²）。

3. 两种内力计算方法的选择

考虑塑性变形内力重分布的计算方法虽比按弹性方法计算节省钢筋，降低造价，并使构造简单便于施工，但会使结构较早出现裂缝，构件的裂缝宽度及变形均较大。因此，在下列情况下不宜采用塑性计算法，而应采用弹性计算法：

1）直接承受动荷载作用的构件。

2）在使用阶段不允许有裂缝，或对裂缝开展宽度有较高要求的结构。

3）构件处于重要部位，要求有较大的强度储备。

对于一般民用房屋中的肋形楼盖的板和次梁，均可采用塑性计算方法；而对于主梁一般选用弹性计算。

3.2.2　楼盖结构布置的原则及常用尺寸

1. 首先确定柱网和承重墙的布置

柱网和承重墙的布置主要取决于建筑的使用要求。对于使用要求不仅要考虑近期的情况，还要考虑发展和变化的可能性。

2. 梁板布置

梁板布置主要根据柱网和承重墙的间距，以及隔墙、机器设备和洞口等的位置而定。柱或墙的间距往往决定了主梁和次梁的跨度。板上一般不宜作用较大的集中荷载，隔墙和重大设备最好布置在梁上。梁应尽量避免支承在门窗洞口上。梁板布置应力求受力明确，传力路线简捷。

3. 力求节省材料和造价

楼盖中板的混凝土用量占整个楼盖的50% ~ 70%。在一般情况下，板的厚度宜取薄些。单向板的跨度以3m以下为宜，常用跨度为2.5m左右。方形双向板的区格不宜大于5m×5m；矩形双向板区格的短边不宜大于4m。次梁的跨度以4~6m为宜，主梁跨度以5~8m为宜。

4. 梁板布置应力求规律性

在一般情况下，梁板布置愈整齐愈能满足经济和美观的要求。柱网通常布置成方形或矩形，梁板尽量布置成等跨，梁系在结构平面中以贯通为宜。板厚和梁的截面尺寸尽量统一，以利于施工。

常见的几种楼盖布置方案如图3-2所示。

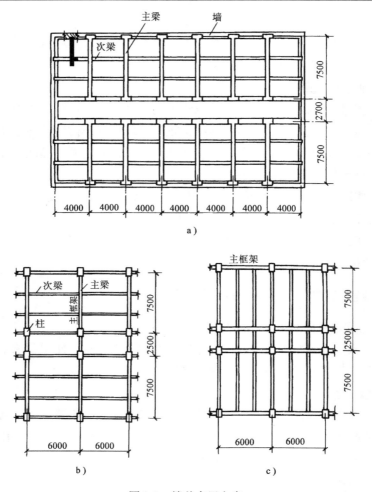

图 3-2 楼盖布置方案

a）双向板肋梁楼盖（混合结构） b）单向板肋梁楼盖（横向框架方案）

c）单向板肋梁楼盖（纵向框架方案）

3.2.3 压型钢板与混凝土组合楼板

我国自 20 世纪 80 年代以来，很多高层建筑都采用了压型钢板做组合楼板或仅做施工用模板，如上海锦江饭店、深圳发展中心大厦、北京香格里拉饭店等。组合楼板具有以下优点：

1）压型钢板轻便，易于储存、搬运和架设，安装快且不需要拆模，节省劳动力。

2）在高层建筑施工中采用压型钢板，有利于推广多层同时作业，可加快工程进度等。

1. 压型钢板的型号和尺寸

国内外的压型钢板型号及尺寸见图 3-3。其截面性能有相应表格可查阅。这些压型钢板适用于非组合板，如用于组合板则应在板的上翼缘焊上横向钢筋，以提高叠合面的抗剪能力。

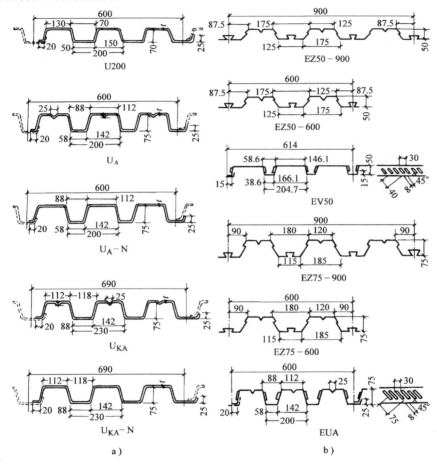

图　3-3

a）国产压型钢板板型　b）国外板型

压型钢板的厚度不应小于 0.7mm，组合用的压型钢板厚度最好控制在 1.0mm 以上。为了便于浇筑混凝土，要求压型钢板的平均槽宽不小于 50mm。当在槽内设置圆柱头焊钉时，压型钢板总高不应超过 80mm。

2. 非组合楼板的设计要求

仅供施工时浇筑混凝土用的压型钢板也称永久性模板。它除满足施工荷载外，对板型无特殊要求。施工完成后，全部使用阶段的荷载由钢筋混凝土板承受，此时压型钢板即失去作用。这种楼板称非组合板。压型钢板只需进行施工阶段的强度和变形计算。这种混凝土楼板的计算方法、配筋构造完全遵照《混凝土结构设计规范》GB 50010—2010 进行。

3. 组合楼板的设计要求

压型钢板不仅用作浇筑混凝土的永久性模板，而且待混凝土达到设计强度之后，压型钢板与混凝土仍然可以共同工作。因此压型钢板表面必需设置抗剪齿槽或采取其他措施来抵抗叠合面之间的纵向剪力和垂直掀起力。

压型钢板同时兼作模板和受拉钢筋的组合板，应分阶段验算。

1）施工阶段，压型钢板先做浇筑混凝土的底模，这时应按弹性设计方法验算压型钢板的强度和刚度。若不满足要求，宜考虑设置临时支撑。

2）使用阶段，即组合楼板结合为整体，混凝土达到设计强度并移去支撑后，应验算组合板在全部荷载作用下的强度和刚度。

4. 采用压型钢板组合楼盖结构时应注意下列事项

1）压型钢板一般由厚 0.8～1.0mm 的热镀锌薄板成型，长度宜为 8～12m，以充分发挥效益。

2）在较严重的腐蚀环境下，不宜采用压型钢板组合楼盖。

3）压型钢板之间，应用接缝紧固件将其连成整体，紧固件的间距不应大于 500mm。

4）组合楼盖结构的构造要求见图 3-4。

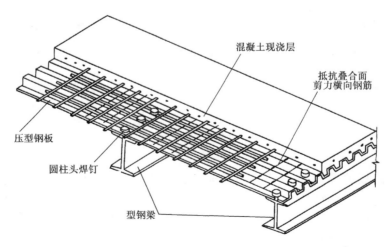

图 3-4 组合楼板构造图

5）配筋的构造要求按相关规定执行。

6）防火性能较好的压型板见图 3-5。

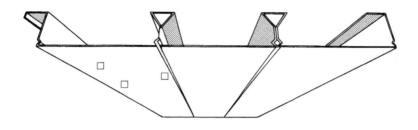

图 3-5　防火性能较好的压型板

3.3　井式楼盖

3.3.1　楼盖结构布置特点

井式楼盖由肋梁楼盖演变而成，是肋梁楼盖结构的一种。其主要特点是两个方向梁的高度相等，而且同位相交。井式楼盖天花美观。梁布置成井字形，两个方向的梁不分主梁和次梁，共同直接承受板传来的荷载，板为双向板，如图 3-6 所示。

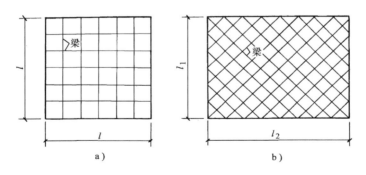

图 3-6　井式楼盖

a）正交正放　b）正交斜放

井式楼盖宜用于正方形平面。如必须用于长方形平面时，则其长短边的边长之比不宜大于 1.5。

交叉梁系布置，可以与楼盖平面边线平行也可斜交。图 3-6b 所示的双向斜交叉梁系中，短梁的刚度比长梁的刚度大，因此短梁对长梁起支承作用，四角区域的短梁形成长梁的弹性支座，所以受力性能较好。

井式楼盖的四周最好为承重墙，使两个方向的梁都支承在刚性支点上；如四周没有承重墙，则最好将两个方向的梁都支承在柱子上；如果柱间距与梁间距不一致，则可在柱顶设置大梁，但必须使大梁具有较大的刚度。

井式楼盖中两个方向梁具有相同的截面，而且截面高度较小，但梁的跨度却可做得较大。两个方向梁的间距最好相等，而且要考虑板的合理跨度，这样不仅结构比较经济、施工方便，而且容易满足建筑处理和美观要求。

3.3.2 井式楼盖受力特点

1. 楼板

板为双向板，两个方向受弯。

2. 梁

梁为井字形，以图 3-7 为例，说明其受力特点。在交叉梁系中，同一个交叉点上两个方向梁的挠度是相同的，它们之间可以假定为一根链杆相互联系在一起，在交叉点上受荷载 p 的作用（在本例中：$p = q \cdot l^2$，q 为楼面均布荷载），链杆承受的力为多余未知力。这样，便可以根据两个方向梁的刚度和其交叉点挠度相同的条件，计算出每根梁所受的荷载及其相应的内力。

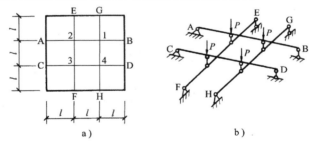

图 3-7 井式楼盖梁的计算简图

a) 平面图　b) 梁的计算简图

3.3.3 井式楼盖实例

这种楼盖结构造价较高，宜少采用。但它可以利用结构形式获得较美观的天花板，因而常在小礼堂和建筑的门厅楼盖中采用，如图 3-8 所示，为北京政协礼堂井式楼盖图。

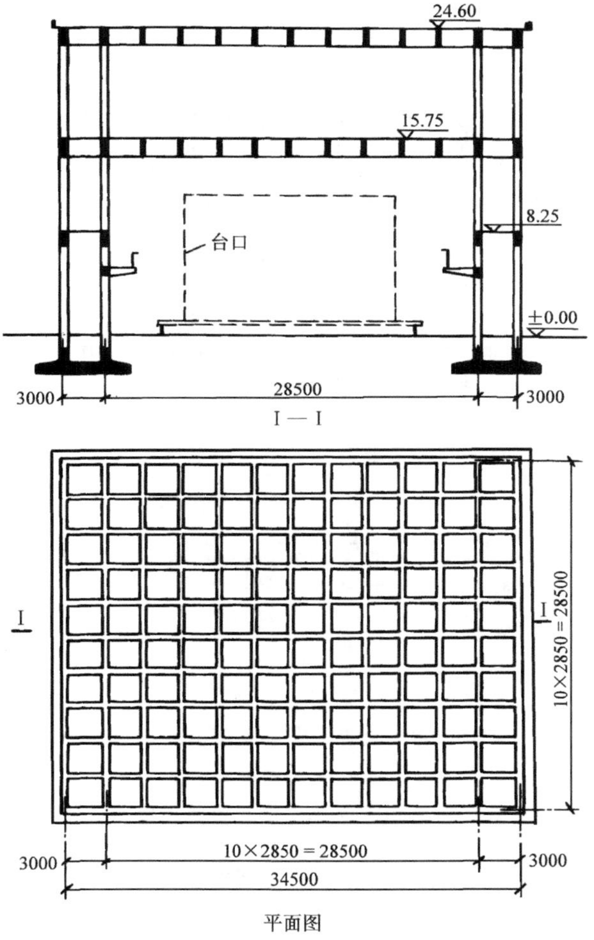

图 3-8　北京政协礼堂井式楼盖

3.4　密肋楼盖

3.4.1　型式与特点

密肋楼盖与单向板肋梁楼盖受力特点相似，肋相当于次梁，但排得密，间距很小，因而称为密肋楼盖。由于肋的荷载小，所以截面尺寸也较小。这种楼盖可以归纳为下列三种类型。

1. 肋间无填充物的楼盖，如图 3-9 所示

板的厚度应不小于 5cm；肋间距不宜大于 70cm，肋宽一般为 6～12cm。对肋的挠度不作验算时，其高跨比应不小于表 3-2 的规定。

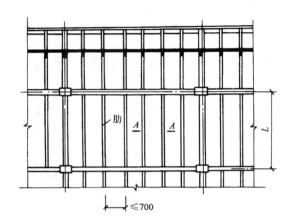

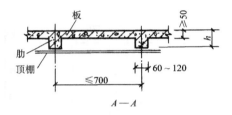

$A—A$

图 3-9　肋间无填充物的密肋楼盖

表 3-2　不作挠度验算的肋梁高跨比

肋支座构造特点	肋的容许高跨比 $\dfrac{h}{l}$	
	普通混凝土	轻型混凝土
简　　支	$\dfrac{1}{20}$	$\dfrac{1}{17}$
弹性固定	$\dfrac{1}{25}$	$\dfrac{1}{20}$

注：h 为肋的高度（包括板厚）；l 为肋的跨度。

2. 肋间有填充物的楼盖

填充物可用加气混凝土块或空心砖，见图3-10。空心砖一般用黏土砖，也可用矿渣砖。钢筋混凝土板厚度为 4～5cm。肋的间距和肋的高度参见上述规定，同时应配合填充物的尺寸。

3. 双向密肋楼盖

当支承体系接近正方形且跨度较大时可以布置成双向密肋楼盖，见图3-11。双向密肋楼盖肋间空隙也可以用填充物填充，以获得平滑的顶棚。

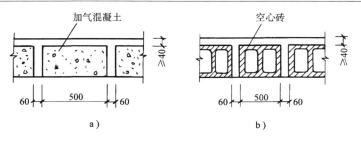

图 3-10　肋间有填充物的密肋楼盖

a）填加气混凝土块　b）填空心砖

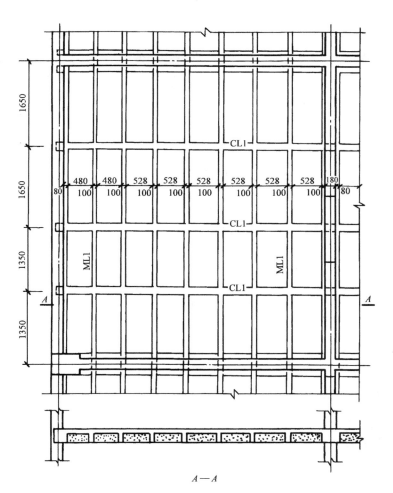

图 3-11　双向密肋楼盖

（上海某高层住宅）

3.4.2 适用范围

密肋楼盖板与肋底面之间有空气隔层（当肋底面有顶棚时）或填充物，所以隔热、隔声性能较好。密肋楼盖材料用量较省，造价也较低。因此常在公共和一般民用建筑（特别是医院、学校、住宅等）中采用。整体现浇的密肋楼盖肋的跨度不宜超过6m；楼面荷载（包括自重）不宜超过6kN/m²。

3.5 无梁楼盖

3.5.1 概述

无梁楼盖与一般肋梁楼盖的主要区别是楼面荷载由板通过柱直接传给基础。这种结构传力简捷，而且增大了楼层净空。但由于没有主梁和次梁，钢筋混凝土板直接支承在柱上，因而楼板的厚度较大，见图3-12。

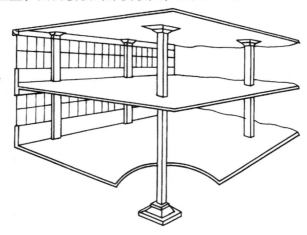

图3-12 无梁楼盖室内透视

无梁楼盖可以分无柱帽和有柱帽两类。楼面荷载较大时，必须采用有柱帽的无梁楼盖，以提高楼板承载能力和刚度，以免楼板太厚。无梁楼盖楼板可分为平板式和双向密肋式。

柱网通常为正方形或接近正方形的矩形平面。正方形的柱网最为经济。柱网间距一般不超过6m。当采用预应力楼板，或双向密肋楼板时，柱网间距可以适当增大。

无梁楼盖的四周可支承在承重墙上，或支承在边柱上，或从边柱悬臂伸出，见图 3-13。

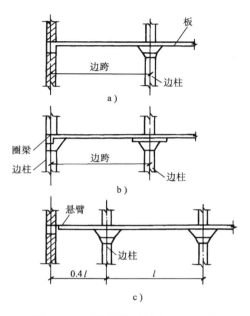

图 3-13　无梁楼盖的周边支承方式
a）支承在砖墙上　b）支承在梁上　c）悬臂

　　悬臂伸出的形式能使边区格板的弯矩值与中间区格的板接近，因而比较经济，同时减少了柱帽类型。但在房屋周边形成一条较狭窄的地带，在建筑使用上可能带来不便。

3.5.2　受力特点与构造要求

1. 柱

　　柱子一般采用正方形截面，也可采用圆形和多边形截面，边柱也可做成矩形截面。柱承受轴向压力和弯矩的作用，为偏心受压构件。

2. 柱帽

　　柱帽是无梁楼盖的重要组成部分，见图3-14。当楼面荷载较大时，必须设置柱帽，以降低楼板中的弯矩值和承受冲切力，使楼板更经济同时也增加楼面的刚度。

　　柱帽的形式有三种

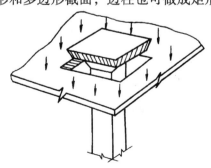

图 3-14　柱帽冲切破坏示意图

第一种形式：见图 3-15a，用于轻荷载。

第二种和第三种形式：见图 3-15b 和图 3-15c。用于重荷载，可使板的荷载比较平缓地传到柱上，其中以 $h_1/h_2 = 2/3$ 为宜。

$C = (0.2 \sim 0.3)L$，L 为板跨

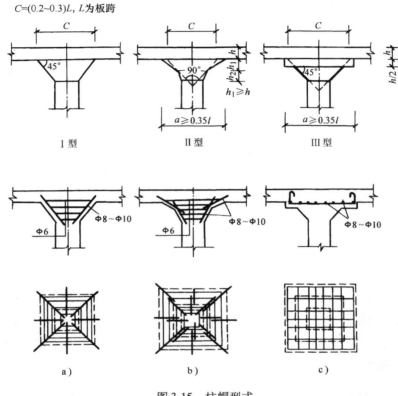

图 3-15　柱帽型式

3. 板

板的厚度由计算决定，而且整个楼盖厚度相同。当不验算挠度时，板的厚度（h）与长跨 l 之比应不小于表 3-3 的规定。

表 3-3　无梁楼盖不作挠度验算的板厚与长跨比

	普通混凝土	轻型混凝土
有柱帽的板	$\dfrac{1}{35}$	$\dfrac{1}{30}$
无柱帽的板	$\dfrac{1}{32}$	$\dfrac{1}{27}$

板为双向受弯构件，跨中受正弯矩，支座受负弯矩。弯矩图示意如图 3-16 所示。

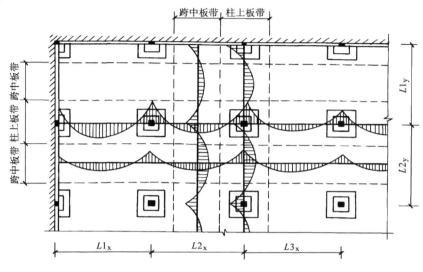

图 3-16　无梁楼盖弯矩分布示意图

4. 圈梁

圈梁为扭弯构件，其构造尺寸见图 3-17。

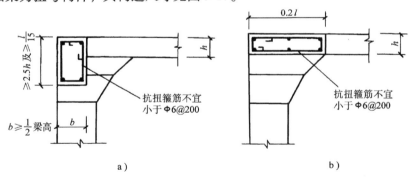

图 3-17　无梁楼盖的圈梁构造

3.5.3　适用范围

无梁楼盖适用于多层工业与民用建筑，如书库、商场、仓库、冷藏库和工厂等。也常用作水池的顶板和底板，以及房屋建筑的整片式基础。

当楼面荷载在 5kN/m² 以上，跨度在 6m 以内时，无梁楼盖较为经济。

无梁楼盖楼层净空较高，具有平滑的天棚，采光、通风和卫生条件良好。楼板简单，施工方便，见图3-18。如用于升板结构，其优越性更为显著。

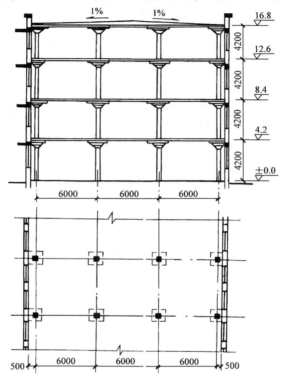

图3-18 无梁楼盖平剖面

3.6 装配与装配整体式楼盖

现浇楼盖整体性、耐久性和抗震性均较好。结构安全储备较大，梁板布置灵活，但是施工复杂，工期较长。

为了加快施工进度，进一步节约材料和劳动力，可采用装配式和装配整体式楼盖结构。并尽可能地采用预应力构件，力求构件最大程度地统一化和标准化。

设计装配式楼盖时，除建筑平面的开间进深尺寸应为构件的统一化创造条件之外，还必须考虑建筑使用、设备安装及施工方面的要求，隔声性能应该良好、装修和管道安装应该方便等。

3.6.1　预制楼盖构件

预制楼盖构件包括楼板和支承楼板的梁。目前，国内各地的预制构件种类很多，常用的预制楼板按其截面形式可分为空心板、实心板、槽形板等；按其所用材料可分为普通混凝土板、预应力混凝土板和加气混凝土板等。

预制板的长度应与房屋的进深、开间尺寸相配合，一般为 3.0m、4.5m、6.0m、9.0m…18m，按 0.3m 进级。预制板的宽度一般为 60cm、90cm、120cm等。板的截面高度与跨度有关，跨度愈大高度愈大，常用高度为 12cm、15cm、18cm、24cm、30cm、38cm 等。

1. 空心板

空心板在装配式楼盖中应用非常广泛，截面的孔洞有圆形、椭圆形、方形、长方形等，孔洞形式视抽芯设备而定，孔洞数目视板宽而定。空心板的自重较实心板轻。由于截面高度较实心板大，所以刚度也大。它的隔声隔热效果较好，而且底面平整。其缺点是板面不能任意开洞。

空心板的截面高度，对于非预应力板一般为跨度的 $\frac{1}{20} \sim \frac{1}{25}$；对于预应力板一般为跨度的 $\frac{1}{30} \sim \frac{1}{35}$。

下面重点介绍一下图集 99ZG408，SP 预应力空心板，该图集包括两个系列：

1）标准型 SP 预应力混凝土空心板（简称 SP 板）系列。

2）标准型叠合预应力混凝土空心板（简称 SPI 板）系列。SPI 板系指在对 SP 板顶面经过人工处理成凹凸不小于 4mm 的粗糙面后与现浇细石混凝土叠合层粘结成整体，共同受力的板。叠合层为 C30 细石混凝土。

板的规格及编号，见表 3-4。

表 3-4　SP 板编号及规格　　　　　　　　　　（单位：cm）

SP 板高		10	12	15	18
轴跨	SP	300～510	300～600	450～750	480～900
	SPD	420～600	480～720	540～840	690～1020
SP 板高		20	25	30	38
轴跨	SP	510～1020	570～1260	690～1500	840～1800
	SPD	720～1080	840～1320	960～1500	1200～1800

注：1. 板长为轴跨 −30mm。

　　2. 板高 100 和 120mm 为圆孔，其余为椭圆孔。

SP 板的规格：

板宽：120cm。

板高：10cm、12cm、15cm、18cm、20cm、25cm、30cm、38cm。

SPD 板叠合层厚度为 5cm 和 6cm 两种。

板轴跨与 SP 板高的对应关系如下：

2. 加气混凝土板

加气混凝土板是用水泥、矿渣、砂和膨胀剂铝粉制成的多孔材料板，既可承重也可保温。板的跨度为 1.8～6.0m，板宽为 60cm，板厚为 15cm、17.5cm、20cm。可用作不上人的屋面板。

预制空心板、槽形板、加气混凝土板的断面形式见图 3-19。

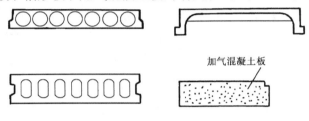

图 3-19

楼盖预制大梁的截面形式有矩形、T 形等。矩形截面梁外形简单、制作方便，应用广泛。当梁的高度较大时，为了减轻梁的自重可采用 T 形截面梁；为了减少结构层高度，增大房屋净空，可采用十字形或花篮形截面梁，如图 3-20 所示。

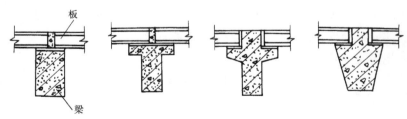

图 3-20

3.6.2 预制装配和预制装配整体式楼盖

预制装配式楼盖就是用预制楼板铺置而成的楼盖，楼板搁置在梁或墙上。

预制装配整体式楼盖就是在预制楼板上，再现浇一定厚度的混凝土，并配置一定量的钢筋，使预制构件连成整体的楼盖。这种楼盖比现浇楼盖节省模板，比装配式楼盖整体性好，还能提高预制楼板的承载能力。因此，在实际工程中应用较多。

　　这两种楼盖的构造做法见图3-21。节点①、②和③、④为一般装配式楼盖加强整体连接的构造措施。①和②节点适用于抗震设防烈度小于等于7度；③和④节点适用于抗震设防烈度小于等于8度的房屋。

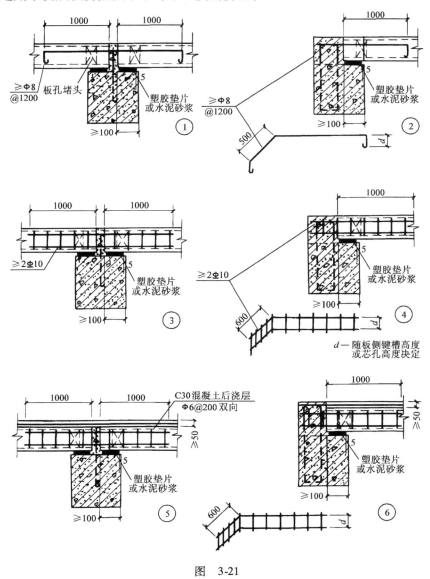

图　3-21

节点⑤和⑥为装配整体式楼盖的构造做法。它适用于抗震设防烈度为小于等于9度或高层建筑中。

上述构造应结合工程的具体情况使用。在非地震区，有些工程为了加强结构的整体性或为了提高楼板的承载能力也可选用节点⑤和节点⑥。

预制板的侧边连接构造见图3-22。连接筋的数量与直径视工程的具体情况而定。

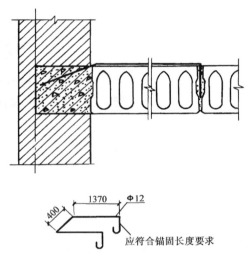

图3-22　板侧边连接示意图

第4章

拱式结构

4.1 概述

在房屋建筑和桥梁工程中，拱是广泛应用的一种结构形式。由于拱结构受力性能较好，能够较充分地利用材料强度，不仅可以用混凝土、钢筋混凝土、木和钢等材料建造，而且能获得较好的经济和建筑效果。拱式结构适用于宽敞的大厅，如展览馆、体育馆、商场等公共建筑。例如：图4-1a为北京展览馆展览大厅的拱顶结构，其跨度为32m；对于大跨度的仓库等建筑，采用落地式拱结构有时可以获得很好的使用效果，如图4-1b所示为四川某散装化肥仓库，跨度60m，它有效地利用了建筑空间。

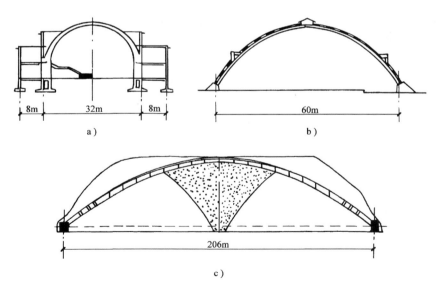

图 4-1　拱式结构

a）北京展览馆展览大厅　b）四川某散装化肥厂仓库

c）法国巴黎国家工业与技术展览中心

由于拱结构受力性能较好，尤其适用于较大跨度的建筑。法国巴黎国家工业与技术展览中心大厅，跨度206m，采用拱壳结构，是当今世界有名的大跨度建筑，见图4-1c。

拱结构的形式有利于丰富建筑的形象，因此也是建筑师比较欢迎的一种结构形式。

4.2　拱的受力特点及类型

1. 拱的受力特点

拱是一种有推力的结构，它的主要内力是轴向压力。从图4-2可以看出，梁在荷载 p 的作用下，要向下挠曲；拱在同样荷载作用下，拱脚支座产生水平反力 H（也叫推力）。它起着抵消荷载 p 引起的弯曲作用，从而减少了拱杆的弯矩峰值。

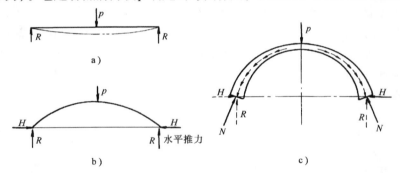

图4-2　拱与梁的受力分析

a）简支梁受力特点　b）拱的受力特点　c）拱的传力路线示意

一般情况下，结构所受外力的传递路线越短，外力越是能够直接地传到基础，结构就越经济，落地拱就是这样的一种结构。

下面以三铰拱为例，进一步说明拱的受力状态，见图4-3。从结构力学中我们知道，拱杆任意截面的内力为：

$$M = M^0 - H \cdot y$$
$$N = V^0 \cdot \sin\alpha + H \cdot \cos\alpha$$
$$V = V^0 \cdot \cos\alpha - H \cdot \sin\alpha$$

式中，M^0 与 V^0 为相应简支梁的弯矩和剪力。

从以上公式可以看出：拱杆截面的弯矩小于相应简支梁的弯矩（减少 $H \cdot y$）。而且水平推力 H 与 y 的乘积愈大，拱杆截面的弯矩值愈小。因此，在一定

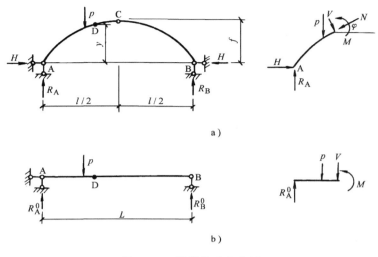

图 4-3 三铰拱的受力分析
a) 三铰 b) 简支梁

的荷载作用下，我们可以改变拱的轴线，使拱杆各截面的弯矩为零，这样拱杆各截面就只受轴向力作用。

由于拱结构的内力主要是压力，我们便可以利用抗压性能良好的混凝土、砖、石等材料建造跨度较大的结构。在实际工程中，钢筋混凝土拱应用较广泛，此外还有钢桁架拱和木桁架拱等，其中许多工程的跨度都在 100m 以上。

2. 拱的类型

拱的类型很多，按结构组成和支承方式，拱可分为三铰拱、两铰拱和无铰拱三种，如图 4-4 所示。

三铰拱为静定结构，两铰拱和无铰拱为超静定结构，工程中较多采用后两种形式。

因为拱是有推力结构，所以拱脚支座应能可靠地传递和承受水平推力，否则拱的结构力学性能将无法保证。为解决这一问题，一般可采取下列结构措施。

（1）推力由拉杆承受　图 4-4a、b 即为这种形式。拱脚处水平拉杆所承受的拉力，即等于拱的推力。这样支承拱的砖墙或柱子就不承受拱的推力，受力大为简化。

吊杆的作用是减小拉杆的自由长度，避免拉杆在自重作用下垂度太大。

有时落地拱也采用拉杆承受推力，拉杆做在地坪下，见图 4-5。这样可使基础受力简单，减小底面积、截面尺寸和埋深。当地质条件不好时，落地拱采用拉杆承受推力较为经济。

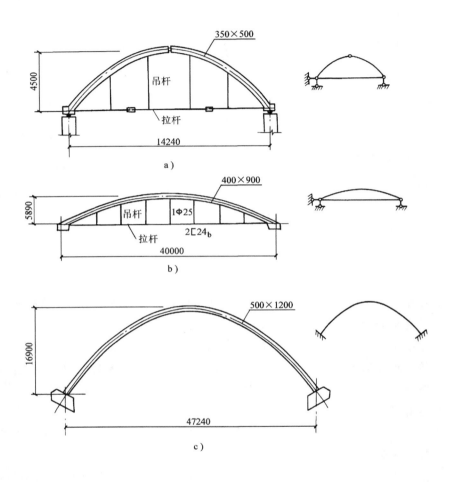

图 4-4　拱的不同类型

a）三铰拱　b）两铰拱（武汉体育馆）　c）无铰拱（北京体育大学田径房）

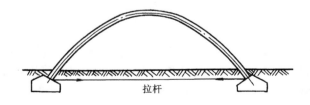

图 4-5　拉杆落地拱

拉杆的截面形式有两种，推力大者采用型钢，推力小者用圆钢。圆钢拉杆的根数不宜超过三根，否则不易保证受力均匀。

（2）推力通过刚性水平结构集中传递给拉杆　拱的水平推力 H 首先作用在拱脚处的水平屋盖结构上，屋盖结构作为刚性水平深梁将拱的推力传递给两端的拉杆，如图4-6所示。这样，拱的支柱便可以不承受拱的水平推力。这是一种较好的结构方案，建筑内部空间没有拉杆，效果较好。

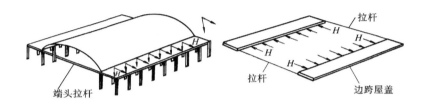

图4-6　某展览馆电影厅（推力由两个端拉杆承受）

（3）推力由侧面框架结构承受　如图4-7、图4-8所示，这种方案要求拱结构侧面的框架必须具有足够的刚度以抵抗拱的水平推力。如果框架的顶部发生过大的水平变位或倾斜，就无法保证拱的正常受力状态。为此，框架必须具有足够的刚度，而且框架柱的基底不允许出现拉应力。

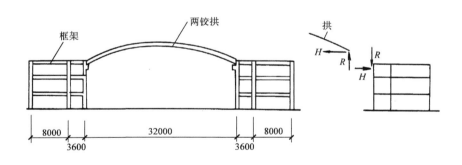

图4-7　北京崇文门菜市场（推力由边框架承受）

（4）推力由基础直接承受　对落地拱，当水平推力不太大或地质条件较好时，拱的推力可由基础直接承受，并通过基础传给地基。采用这种方案，基础尺寸一般都很大，材料用量也较多。为了更有效地抵抗推力，基底常做成斜面形状，其基础形式如图4-9所示。

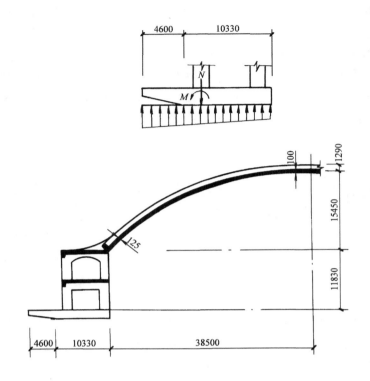

图 4-8 美国敦威尔综合大厅（推力由边框架承受）

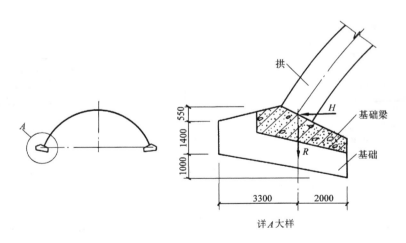

图 4-9 拱的基础形式

4.3 拱轴的形式

确定拱轴的形式时主要考虑两个问题，一是拱的合理轴线，二是拱的矢高。

1. 拱的合理轴线

在一固定的荷载作用下，使拱处于无弯矩状态的拱轴曲线，称为拱的合理轴线。了解合理轴线这个概念，有助于我们选择拱的合理形式。对于不同的结构形式（三铰拱、两铰拱和无铰拱），在不同的荷载作用下，拱的合理轴线是不同的。对于三铰拱，在沿水平方向均布的竖向荷载作用下，合理拱轴为一抛物线，见图 4-10a；在垂直于拱轴的均布压力作用下，合理拱轴为圆弧线，见图 4-10b。

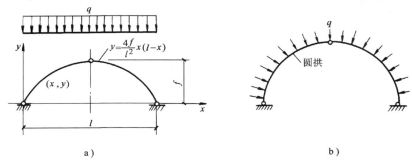

图 4-10 拱的合理轴线

a）抛物线拱 b）圆拱

在房屋建筑中拱结构的轴线一般采用抛物线，其方程为：

$$y = \frac{4f}{l^2} \cdot x \cdot (l - x)$$

式中 f——拱的矢高；

l——拱的跨度。

当 $f < l/4$ 时，可用圆弧代替抛物线，因为这时两者差别不大，而圆拱有利于拱身分段的标准化，便于制作。

在实际工程中，结构承受的荷载是多种多样的，只承受某一固定荷载的可能性很小。因此，很难找出一条合理的拱轴来适应各种荷载，而只能根据主要荷载确定合理的拱轴，使拱身主要承受轴力，尽量减少弯矩。例如对屋顶结构，一般根据屋面的恒载选择合理的拱轴。

2. 拱的矢高

不同的建筑对拱的形式要求不同，有的要求扁平，矢高小；有的则要求矢高大。合理拱轴的曲线方程确定之后，可以根据建筑的外形要求定出拱的矢高。以三铰拱为例，在沿水平方向均布的竖向荷载作用下，拱的合理轴线为二次抛物线，$y = \dfrac{4f}{l^2} \cdot x \cdot (l-x)$，当矢高 f 不同时，拱轴形状也不相同，如图 4-11 所示。

当 $f = \dfrac{l}{2}$ 时，拱的轴线为 a；

当 $f = \dfrac{l}{5}$ 时，拱的轴线为 b；

由此可见，矢高对拱的外形影响很大，它直接影响建筑造型和构造处理。矢高的大小还影响拱身轴力和拱脚推力的大小。

如三铰拱的推力：$H = \dfrac{M_c^0}{f}$。

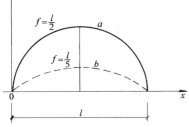

图 4-11　拱的合理轴线与矢高

式中，M_c^0 为与拱同跨度同荷载的简支梁的跨中弯矩。

从上式可以看出，水平推力 H 与矢高 f 成反比。$f = \dfrac{l}{5}$ 时的推力为 $f = \dfrac{l}{2}$ 时的 2.5 倍。

因此，设计中确定矢高大小时，不仅要考虑建筑的外形要求，还要考虑结构的合理性。

对于屋盖结构，一般取 $f = \dfrac{l}{5} \sim \dfrac{l}{7}$，最小不小于 $\dfrac{l}{10}$。

矢高小的拱水平推力大，拱身轴力也大；矢高大的拱则相反，但拱身长度增大，建筑空间也大，对于落地拱应主要根据建筑跨度和高度要求来确定矢高。

对图 4-4a、b 所示的三铰拱和两铰拱屋架，矢高的确定既要考虑结构的合理性又要考虑屋面做法和排水方式：

当为自防水屋面时：屋面坡度要求 $\dfrac{1}{3}$，则 $f = \dfrac{l}{6}$；

当为油毡屋面时：屋面坡度要求不大于 $\dfrac{1}{4}$，则 f 不大于 $\dfrac{l}{8}$。

对瓦屋面及自防水屋面，要求屋面坡度较大，这与结构的合理性一致。而对油毡屋面，坡度不能太大，否则夏季高温时，会引起沥青流淌，因此矢高较小而使拱的推力和轴力增大。

4.4 拱的截面形式与主要尺寸

拱身可以做成实体和格构式两种形式。钢结构拱一般采用格构式，当截面高度较大时，采用格构式可以节省材料，见图4-12。钢筋混凝土拱一般采用实体形式，截面有矩形和工字形两种。现浇拱一般采用矩形截面，这样模板简单，施工方便。

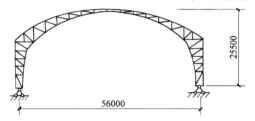

图 4-12 格构式拱（北京体育馆比赛厅）

拱身的截面高度可参考表 4-1 规定取用。

表 4-1 拱身截面高度估算表 （l 为跨度）

类　型	实体式	格构式
钢筋混凝土拱	$\left(\dfrac{1}{30} \sim \dfrac{1}{40}\right) l$	
钢结构拱	$\left(\dfrac{1}{50} \sim \dfrac{1}{80}\right) l$	$\left(\dfrac{1}{30} \sim \dfrac{1}{60}\right) l$

拱身一般采用等截面。对于无铰拱，由于内力从拱顶向拱脚逐渐增加，因此一般做成变截面的形式，如图 4-13 所示。

当屋面板与拱结构连接时，拱身可以做成波形或折板形截面，如图 4-14 所示。采用这种截面形式既省料又美观。例如：无锡体育馆，跨度 60m，屋顶结构采用钢丝网水泥双曲波形截面拱。湖南省游泳馆，采用装配式折板拱，跨度 47.6m。

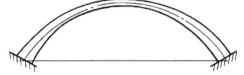

图 4-13 无铰拱的截面形式

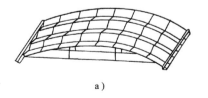

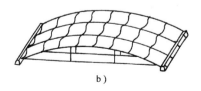

a）　　　　　　　　　　　　　　　b）

图　4-14

a）折板拱（湖南省游泳馆） b）波形拱（无锡体育馆）

4.5 拱结构实例

1. 国内实例

【例4-1】 北京崇文门菜市场，如图 4-15 所示。中间为 $32m \times 36m$ 营业大厅，屋顶采用两铰拱结构，上铺加气混凝土板。大厅周围为小营业厅、仓库及其他用房，采用框架结构。拱的水平推力和垂直压力由两侧的框架承受。拱为装配整体式钢筋混凝土结构。

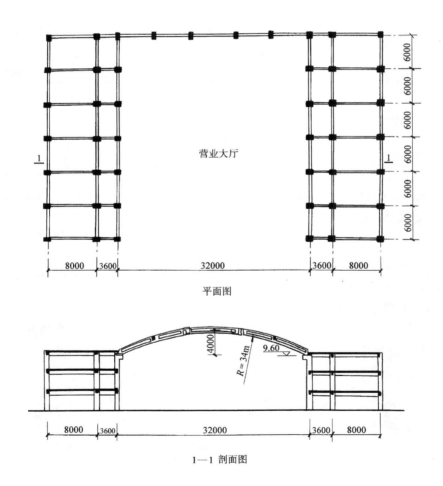

图 4-15 【例 4-1】北京崇文门菜市场

为了施工方便，拱轴采用圆弧形，圆弧半径 34m，矢高 4m。$f/l = 1/8$，高跨比较小，这是建筑外形要求决定的。矢高小，拱的推力大，框架的内力也相应增大，因此材料用量增加。若矢高改为 $f = l/5 = 6.4m$，相应的拱轴半径为 23.2m，圆弧形状如图 4-16 中 b 线所示，则拱的推力可减少 60% 左右，但建筑外形不太好，同时屋面根部坡度大，对油毡防水不利。经分析比较，最后决定矢高为 4m。

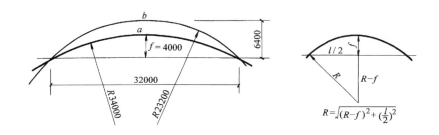

图 4-16　拱的轴线形状选择

【例 4-2】 湖南湘澄盐矿 2.5 万 t 散装盐库

在结构选型中比较了两种方案。方案 I 为钢筋混凝土排架结构，方案 II 为拱结构，如图 4-17 所示。

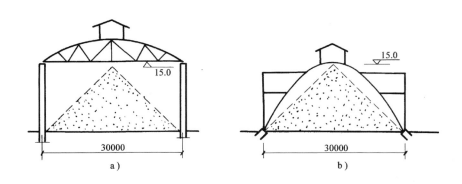

图 4-17　【例 4-2】两种结构方案
a）排架结构方案　b）拱结构方案

方案Ⅰ的缺点是3/5的建筑空间不能充分利用，而且盐通过皮带运输机从屋顶天窗卸入仓库时，经常冲击磨损屋架和支撑，对钢支撑和屋架有不利影响，因而没有采用。

方案Ⅱ采用落地拱，由于选择了合适的矢高和外形，建筑空间得到了比较充分地利用。这一方案把建筑使用与结构形式较好地结合起来，收到了良好的效果。工程概况见图4-18。

拱的类型经过比较，决定采用两铰落地拉杆拱。因为：三铰拱虽然受力明确，但是盐入库时，顶部铰结点的钢件经常受磨损，难于妥善保护；无铰拱对地基变形和温度变化敏感；所以采用两铰落地拉杆拱。为了免于锈蚀，拱脚的铰结点不用钢件，而采用半圆柱形拱脚埋入半圆柱形杯口内，两圆弧面之间用沥青麻丝嵌塞，两侧浇灌细石混凝土，见拱脚结点大样。

拱身采用装配整体式钢筋混凝土结构，工字形截面，高90cm，宽40cm。每榀拱架划分为两个对称的构件，铰接点在拱顶，采用二次浇灌混凝土。

屋面采用预应力槽瓦和预制钢筋混凝土檩条。为了适应双向弯曲，檩条采用方孔空心截面。拱架的横向刚度较大，纵向刚度较差，因此纵向设置支撑。

基础拉杆采用4根圆钢（2Φ32+2Φ28），并进行防锈处理。

2. 国外实例

【例4-3】 法国巴黎国家工业与技术展览中心大厅，平面为三角形，边长218m，高43.6m。屋顶采用双层波形薄壁拱壳，见图4-19。拱壳壁厚6cm，两层之间距离为1.8m，拱脚附近因压力较大拱壁加厚。拱身为钢筋混凝土装配整体式薄壁结构，为落地拱。传至三个拱脚的推力 H 由呈三角形布置的预应力拉杆承受，拉杆设置在地下，见图4-19d、e。

大厅屋顶每平方米面积的混凝土折算厚度仅18cm，而跨度为206m，厚度与跨度之比竟小于1/1100。假定鸡蛋壳的厚度为0.4mm，直径（跨度）为4cm，蛋壳的厚度与跨度之比为1/100。由此可见，大厅的材料用量是非常省的，设计是成功的，它的跨度之大也是当今世界少有的。

【例4-4】 意大利都灵展览大厅，跨度95m，屋顶采用钢筋混凝土波形拱，拱身由每段长4.5m的预制钢丝网水泥拱段组成，波宽2.5m，波高1.45m，每段都有一个横隔，预制拱段先安装在临时支架上，然后局部现浇钢筋混凝土连成整体，见图4-20。

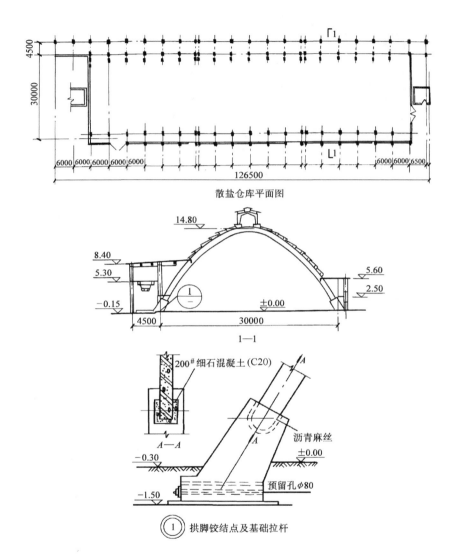

散盐仓库平面图

1—1

① 拱脚铰结点及基础拉杆

图 4-18　湖南湘澄盐矿库

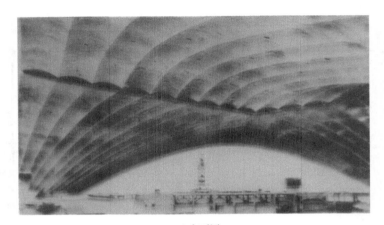

a) 立面图

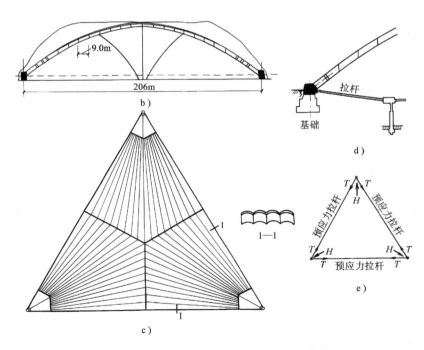

图 4-19 【例4-3】巴黎国家工业与技术展览中心

a) 立面图 b) 结构断面图 c) 平面图 d) 拱脚拉杆构造 e) 拉杆布置

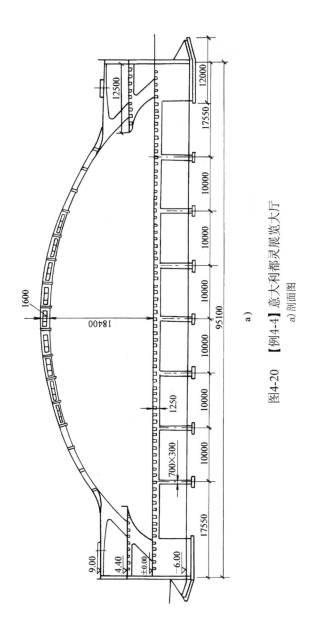

图4-20 【例4-4】意大利都灵展览大厅
a) 剖面图

c)

b)

图4-20　【例4-4】意大利都灵展览大厅（续一）
b) 室内透视　c) 室内局部

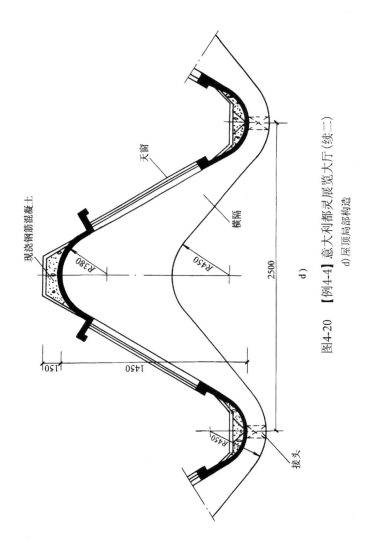

图4-20 【例4-4】意大利都灵展览大厅(续二)

d) 屋顶局部构造

第 5 章

单层刚架结构

5.1 单层刚架的适用范围

单层刚架一般是由直线形杆件（梁和柱）组成的具有刚性节点的结构。图 5-1a 表示一刚架在垂直均布荷载作用下的弯矩图。由于横梁与立柱整体刚性连接，结点 B 和 C 是刚性节点，能够承受并传递弯矩，这样就减少了横梁中的弯矩峰值。与图 5-1b 所示排架相比，由于横梁与立柱为铰接，结点 B、C 为铰结点，所以在均布载荷作用下，横梁的弯矩图与简支梁相同，弯矩峰值较刚架大得多。

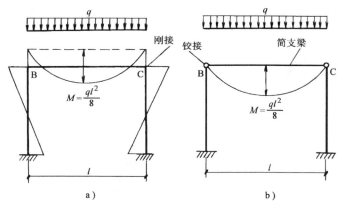

图 5-1　在垂直荷载作用下刚架与排架弯矩图
a）刚架　b）排架

单层刚架结构的杆件较少，结构内部空间较大，便于利用。而且刚架一般由直杆组成，制作方便。因此，在实际工程中应用非常广泛。

在一般情况下，当跨度与荷载相同时，刚架结构比屋面大梁（或屋架）与立柱组成的排架结构轻巧、并可节省钢材约 10%，混凝土约 20%。

横梁为折线形的门式刚架更具有受力性能良好、施工方便、造价较低和建筑造型美观等优点。由于横梁是折线形的，使室内空间加大，适用于双坡屋面的单层中、小型建筑，在工业厂房和体育馆、礼堂、食堂等民用建筑中得到了广泛应用。门式刚架刚度较差，受荷载后易产生跨变，因此用于工业厂房时，起重机起重量不宜超过 10t。

5.2　单层刚架的受力特点与种类

单层刚架的受力特点是：在竖向荷载作用下，柱对梁的约束减少了梁的跨中弯矩，见图 5-1；在水平荷载作用下，梁对柱的约束减少了柱内弯矩，见图 5-2。梁和柱由于整体刚性连接，因而刚度得到了提高。

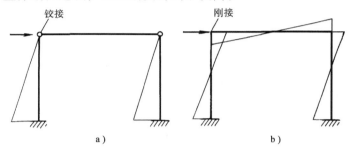

图 5-2　在水平荷载作用下刚架与排架弯矩图

a）排架　b）刚架

门式刚架按其结构组成和构造的不同，可以分为无铰刚架、两铰刚架和三铰刚架等三种形式。在同样荷载作用下，这三种刚架的内力分布和大小是有差别的，其经济效果也不相同。图 5-3 表示了高度和跨度相同，承受同样均布荷载的三种不同形式刚架的弯矩图。

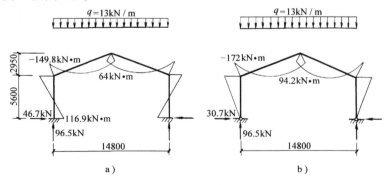

图 5-3　三种不同形式的刚架弯矩图

a）无铰刚架　b）两铰刚架

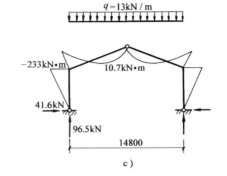

图 5-3　三种不同形式的刚架弯矩图（续）

c）三铰刚架

表 5-1 表示了这三种不同刚架的材料用量。

表 5-1　无铰、两铰、三铰刚架材料用量表

刚架形式	刚架材料用量		基础材料用量		总材料用量	
	钢/kg	混凝土/m³	钢/kg	混凝土/m³	钢/kg	混凝土/m³
无铰	364	3.00	68.0	4.28	432	7.28
两铰	365	2.98	35.0	0.87	400	3.76
三铰	380	2.42	35.0	0.87	415	3.29

从图 5-3 和表 5-1 可以看出：

（1）无铰刚架柱底弯矩大，因此基础材料用量较多。无铰刚架是超静定的，结构刚度较大，但地基发生不均匀沉降时，将使结构产生附加内力，所以地基条件较差时，必须考虑其影响。

（2）两铰和三铰刚架材料用量相差不多，它们的特点是：三铰刚架为静定结构，当基础有不均匀沉降时，对结构不引起附加内力，见图 5-4。但是，当跨度较大时，半榀三铰刚架的悬臂太长致使吊装不便，而且吊装内力较大。三铰刚架的刚度也较差。所以三铰刚架适用于小跨度（如 12m）建筑以及地基较差的情况。对于较大跨度，则宜采用两铰刚架。两铰刚架也是超静定的，所以地基不均匀沉降对结构内力的影响也必须考虑。

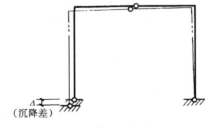

图 5-4　三铰刚架的支座沉降

在实际工程中，大多采用三铰和两铰刚架以及由它们组成的多跨结构，如图 5-5 所示。无铰刚架很少采用。

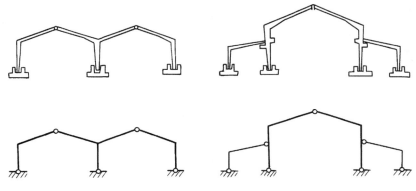

图 5-5　多跨刚架的形式

5.3　单层刚架的截面形式及构造

1. 单层刚架的截面形式

决定刚架的截面形式，必须分析它在各种荷载作用下的内力分布。从弯矩的分布看，在立柱与横梁的转角截面弯矩较大，铰节点弯矩为零，如图 5-6 所示。因此，在转角截面的内侧产生压应力集中现象，应力的分布集度随内折角的形式而变化，尤其是立柱的刚度比横梁大得多时，边缘压应力急剧增加，见图 5-7。

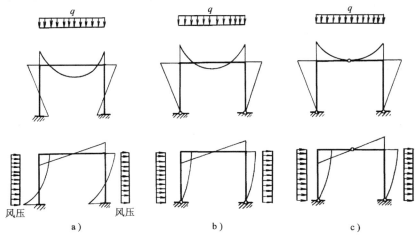

图 5-6　三种刚架的弯矩图

a) 无铰刚架　b) 两铰刚架　c) 三铰刚架

在一般情况下，杆件截面随内力大小相应变化是最经济的。因此，刚架杆件一般采用变截面形式，加大梁柱相交处的截面，减小铰节点附近的截面，以达到节约材料的目的。同时，为了减少或避免应力集中现象，转角处常做成圆弧或加腋的形式，如图5-7及图5-8b所示。

钢筋混凝土刚架的跨度一般在40m以下，跨度太大会引起自重过大，使结构不合理，施工困难。钢筋混凝土刚架一般用于跨度不超过18m，檐高不超过10m的无吊车或吊车起重量不超过10t的建筑中。钢筋混凝土刚架的杆件一般采用矩形截面，也可采用工字形截面。为了减少材料用量，减少杆件截面，减轻结构自重，近年来常采用预应力钢筋混凝土和空腹刚架。在预应力刚架中预应力筋布置在构件的受拉部位，而且一般采用曲线形钢筋后张法施工，如图5-9所示。

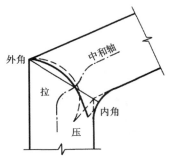

图5-7　刚架转角截面
的正应力分布

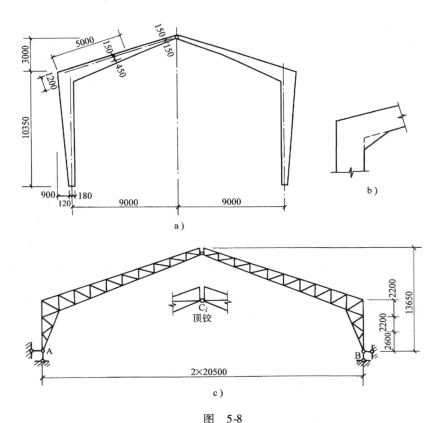

图　5-8

a）钢筋混凝土刚架　b）转角加腋　c）桁架式刚架（南京市体育馆）

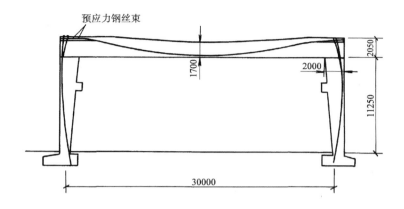

图 5-9　组合式预应力钢筋混凝土刚架

　　空腹式刚架有两种形式，一种是把杆件做成空心截面，如图 5-10a 所示；另一种是在杆件上留洞，如图 5-10b 所示。空心刚架也可采用预应力，但对施工技术和材料要求较高，所以一般用于较大跨度的建筑中。

　　在变截面刚架中，刚架截面变化的形式应结合建筑立面要求确定。立柱可以做成里直外斜或外直里斜两种，如图 5-11 所示。

　　在实际工程中，大多采用预制装配式钢筋混凝土刚架。刚架拼装单元的划分一般根据内力分布决定。单跨三铰刚架可分成两个"Γ"形拼装单元，铰节点设在基础和顶部中间拼接点部位。两铰刚架的拼接点一般设在横梁零弯点截面附近，柱与基础连接处做成铰节点；多跨刚架常采用"Y"形和"Γ"形拼装单元，见图 5-12。

　　刚架承受的荷载一般有恒载和活载两种，在恒载作用下弯矩零点的位置是固定的。在活载作用下，由于各种不利组合，零弯点的位置是变化的。因此在划分构件单元时，零弯点的位置应该根据主要荷载确定。例如，对一般刚架（无悬挂吊车），由恒载产生的弯矩值约占总弯矩的 90%，拼接点位置应设在恒载作用下横梁的零弯点附近。这样，拼接点截面受力小，构造简单，易于处理。

2. 单层刚架结点的连接构造

　　对预制装配式刚架结点构造的基本要求是：符合计算假定，做法简单，便于施工。常见的节点连接构造见图 5-13。

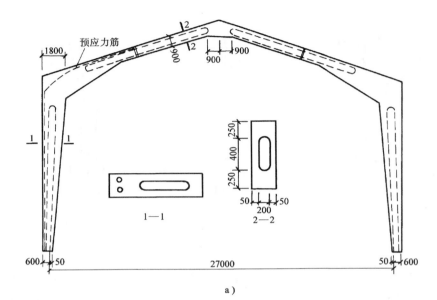

a)

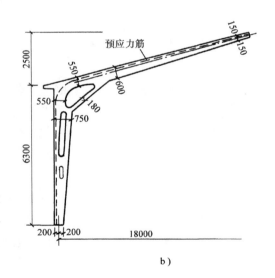

b)

图 5-10 空腹式刚架

a）预应力空心截面刚架　b）预应力空腹刚架

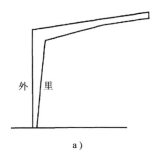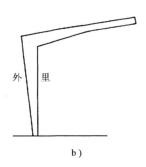

图 5-11　刚架柱的形式

a）外直里斜　b）里直外斜

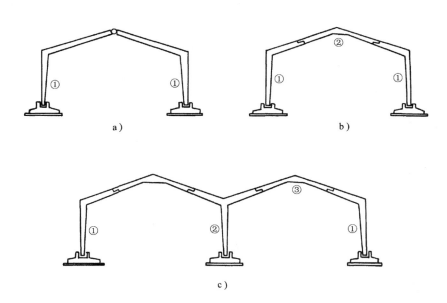

图 5-12　刚架的拼装

a）两个拼装单元　b）三个拼装单元　c）"Y"形及"Γ"形单元

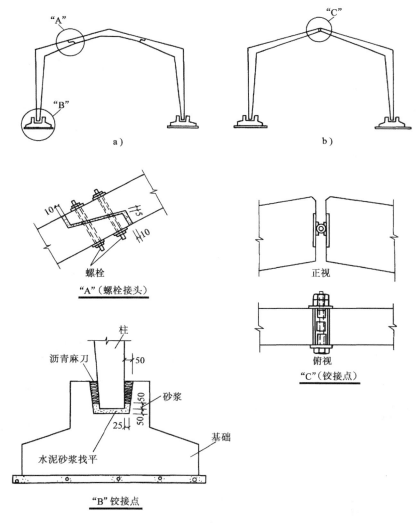

图 5-13 刚架的节点构造

a）两铰刚架 b）三铰刚架

5.4 钢刚架结构

由于我国钢产量的增加，钢结构的门式刚架应用越来越多。它的常用跨度一般为 9 ~ 30m。钢结构刚架的跨度可以做到 60m 以上，60m 以上的刚架宜做成格构式的。其相应的开间即柱间距宜为 4.5 ~ 12m。实腹式横梁的截面高度可取跨度的 1/20 ~ 1/40。钢结构刚架的屋面及围护结构应采用压型金属板等轻型材料。

　　轻型实腹式门式刚架在国外已形成工厂流水线上的预制化产品，有单跨与多跨的和有无悬挂吊车的各种类型。门式刚架的用钢量与荷载、跨度和柱高等有关。在采用上述轻型屋面材料的情况下，当跨度为 9~18m，柱高 4~6m，柱间距为 4.5~6m 时，其用钢量约为 $15kg/m^2$ 左右。门式刚架的截面形式有等截面与变截面两种形式，如图 5-14 所示。其节点形式根据刚架的形式和内力大小有如下几种，见图 5-15 所示。大跨度的格构式刚架，其杆件可以采用圆形钢管制作。与热轧型钢制作的结构相比，可以节省钢材 20% 以上，而且比较美观，近来采用较多。

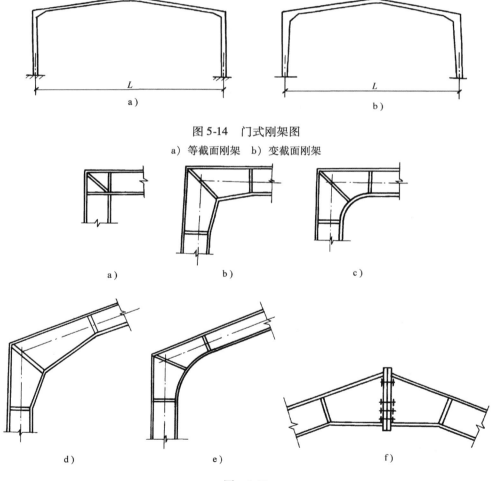

图 5-14　门式刚架图

a) 等截面刚架　b) 变截面刚架

图　5-15

a) 矩形加劲节点　b) 楔形加腋节点　c) 弧形加腋

d) 有坡楔形加腋　e) 有坡弧形加腋　f) 横梁屋脊拼接

5.5 单层刚架结构的总体布置

两铰或三铰刚架结构的刚度较小，常用于无动力荷载的民用和工业建筑中。当有吊车时最大起重量不宜超过10t。在结构总体布置时，应加强结构的整体性，保证结构纵横两个方向的刚度。一般要求在建筑物的两端布置屋盖水平支撑，纵向设置柱间支撑和联系梁，见图5-16。

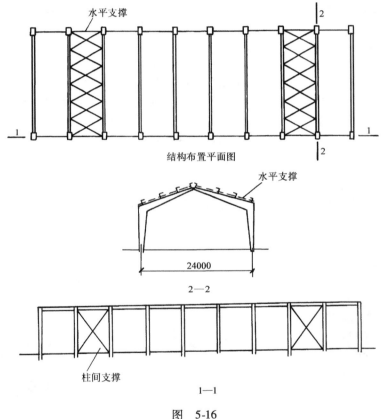

图 5-16

5.6 单层刚架结构实例

下面所介绍的工程系我国某中型民航客机的维修车间，修理"伊尔—24"和"安—24"型客机。机身长24m，翼宽32m，尾高8.4m，桨高5.1m。机翼距地 3m。

设计过程曾做三种结构方案比较，如图 5-17 所示。

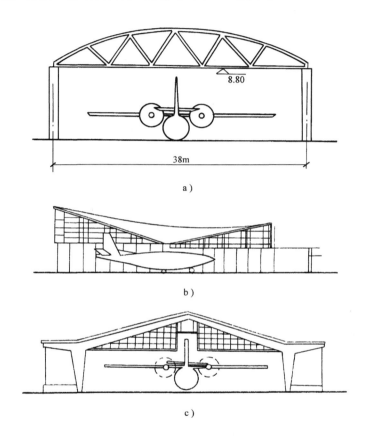

图 5-17　某民航客机维修车间设计三种方案
a）屋架方案　b）悬索方案　c）刚架方案

1. 屋架方案

机尾高 8.4m，屋架下弦不能低于 8.8m。由于建筑形式与机身的形状尺寸不相适应，使整个厂房普遍增高，室内空间不能充分利用。因此，这个方案不经济。

2. 双曲抛物面悬索方案

这个方案的特点是：建筑形式符合机身的形状尺寸，建筑空间能够充分利用。但是，要求高强度的钢索，材料来源困难；同时对施工条件和技术的要求较高；主要是跨度较小，采用悬索方案也不经济，因此，这个方案不宜采用。

3. 刚架结构方案

这个方案的特点是：不仅建筑形式符合机身的形状尺寸，尾部高，两翼低，建筑空间能够充分利用；而且对材料和施工都没有特别要求。

根据本工程的具体条件，选用了刚架结构方案，结构的具体尺寸参见图5-17。

第 6 章

网 架 结 构

6.1 网架的特点与适用范围

网架是一种较新型的结构。它是由许多杆件按照一定规律组成的网状结构。这种结构具有各向受力的性能，它改变了一般平面桁架的受力状态，是高次超静定空间结构。

网架结构的各杆件之间互相起支撑作用，因此，它的整体性强、稳定性好，空间刚度大，是一种良好的抗震结构形式，尤其对大跨度建筑，其优越性更为显著。

在节点荷载作用下，网架的杆件主要承受轴力，能够充分发挥材料的强度，因此比较节省钢材。

网架的结构高度较小，不仅可以有效地利用建筑空间，而且能够利用较小规格的杆件建造大跨度的结构。同时它还具有杆件类型划一，适合于工厂化生产、地面拼装和整体吊装等优点。

网架结构适用于多种建筑平面形状，如圆形、方形、多边形等，造型也很壮观，因此应用非常广泛。

网架结构按外形可分为平板网架和壳形网架。它可以是单层的；也可以是双层的。双层网架有上下弦之分。平板网架都是双层的。壳形网架则有单层、双层、单曲、双曲等各种形状。图 6-1 为几种类型网架的示意图。

网架结构的杆件多采用钢管；节点多为空心球节点或钢板焊接节点。钢筋混凝土网架目前应用较少，因此这里不作介绍。

壳形网架构造处理、支承结构和曲面屋顶的制造安装等都较复杂，较少采用。钢平板网架用得较多，发展较快，因此本章仅介绍钢平板网架。

平板网架具有如下优点：

1）平板网架为三维空间受力结构，结构自重轻，较平面桁架结构节约钢材。如上海体育馆，建筑平面为圆形，直径 110m，屋顶采用钢平板网架，用钢量仅 $47kg/m^2$；如果采用平面桁架结构，用钢量至少要增加一倍。

2）整体刚度大，稳定性好，对承受集中荷载、非对称荷载、局部超载和抵抗地基不均匀沉降等都较有利。可以设置悬挂起重机。

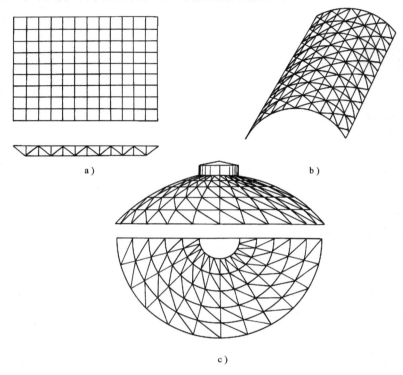

图 6-1　网架形式

a）平板形网架（双层）　b）壳形网架（单层、单曲）　c）壳形网架（单层、双曲）

3）平板网架是一种无推力的空间结构，一般简支在支座上，边缘构件比较简单。

4）应用范围广泛：不仅适用于中小跨度的工业与民用建筑，如工业厂房、俱乐部、食堂、会议室等；而且更宜于建造大跨度建筑的屋盖结构，如展览馆、体育馆、飞机库等。平板网架结构高度较小，能更有效地利用建筑空间，同时建筑造型也较新颖、壮观、轻巧、大方，为建筑师所欢迎。

由于平板网架具有很多优点，在我国用得较多。在已建成的体育馆、俱乐部、礼堂、展览馆、影剧院、商场、工业厂房等工程中，获得了良好效果。

6.2　平板网架的结构形式

平板网架可分为交叉桁架体系和角锥体系两类。交叉桁架体系由两向或三向相互交叉的桁架组成。两向交叉可以是90°正交和任意角相交。三向交叉的交角为60°。角锥体系可以分别由三角锥、四角锥、六角锥等组成，它比交叉桁架体系的刚度更大，受力性能更好。

6.2.1　交叉桁架体系网架

这类网架结构是由许多上下弦平行的平面桁架相互交叉联成一体的网状结构。一般来讲，斜腹杆较长，设计成拉杆；竖向腹杆较短，设计成压杆，以利于充分发挥材料的强度。上下弦杆则有拉有压。网架的节点构造与平面桁架类似。交叉桁架体系网架的主要形式可分为：

1. 两向正交正放网架（井字形网架）

这种网架是由两个方向相互交叉成90°角的桁架组成，而且两个方向的桁架与其相应的建筑平面边线平行，如图6-2所示。

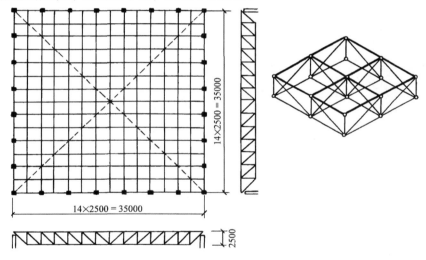

图 6-2　两向正交正放网架

（上海体育学院篮球房）

这种网架构造比较简单。一般适用于正方形或接近正方形的矩形建筑平面，这样两个方向的桁架跨度相等或接近，才能共同受力发挥空间作用。如果平面形状为长方形，受力状态就类似于单向板结构，长向桁架相当于次梁，短向桁架相当于主梁，网架的空间作用便很小，而主要是短向桁架受力，因此不宜采用这种形式的网架。

对于中等跨度（50m左右）的正方形建筑平面，采用两向正交正放网架较为有利。

　　在实际工程中，这种形式的网架用得较少，尤其是当网架周边支承时，它不如两向正交斜放网架刚度大，用钢量也较多。当为四点支承时，它就比正交斜放的网架有利。四点支承的两向正交正放网架与两向正交斜放网架相比，弯矩大小为6:7，挠度大小为5:7。我国援助巴基斯坦的体育馆屋盖结构即采用了四点支承的两向正交正放网架。它比两向正交斜放有利的原因是：正放网架的柱带桁架（见图6-3a）起到主桁架的作用，它缩短了与其相垂直的次桁架（如图6-3a中桁架A-B）的荷载传递路线。而斜放网架的主桁架是柱上的悬臂桁架（见图6-3b的C-D）和边桁架，其刚度较差；对角线方向的各桁架成了次桁架，它的荷载传递路线较长。因此网架刚度较差内力较大。这个例子说明，在实际工程中网架形式的选择与其支承情况有很大关系。

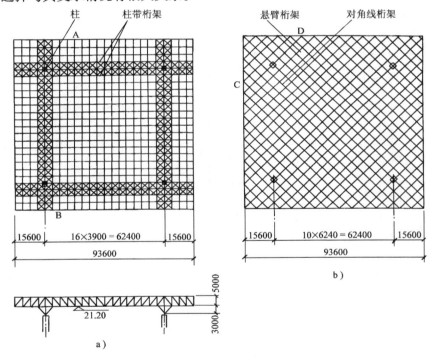

图6-3　援巴基斯坦体育馆设计方案

a）正交正放方案（采用方案）　b）正交斜放方案（比较方案）

　　当两向正交正放网架为四点支承时，其周边一般均向外悬挑，悬挑长度以1/4柱距为宜。

　　这种形式的网架，从平面图形看是几何可变的，为了保证网架的几何不变性和有效地传递水平力，必须适当地设置水平支撑。

2. 两向正交斜放网架

这种网架是由两个方向相互交角为 90° 的桁架组成，桁架与建筑平面边线的交角为 45°，如图 6-4 所示。

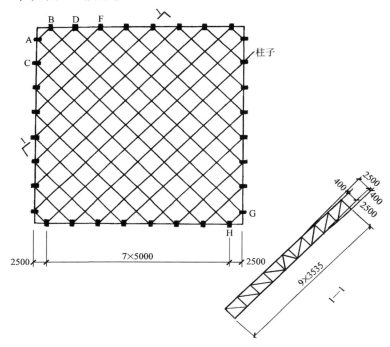

图 6-4　两向正交斜放网架

（北京国际俱乐部网球馆）

从受力上看，当这种网架周边为柱子支承时，因为角部短桁架 C-D、E-F 等的相对刚度较大，于是便对与其垂直的长桁架 A-H、B-G 等起弹性支承作用，使长桁架在角部产生负弯矩，从而减少了跨度中部的正弯矩，改善了网架的受力状态，见图 6-5b。但角部负弯矩的存在，对四角支座产生了较大的拉力，如图 6-5b 所示。首都体育馆四角支座拉力达 1470kN，施工时网架四角出现向上的位移约 5mm。如果四角支座抵抗不了此拉力，网架四角就会翘起，如图 6-5a 所示。因此，采用这种网架时，要特别注意对四角的锚拉，设计特殊的拉力支座。为了不使拉力过大，北京国际俱乐部网球馆把角柱去掉，使拉力分散，由角部两个柱子共同来承担，避免了拉力集中，简化了支座构造。但这样做的结果是屋面起坡脊线的构造处理较为复杂。所以当需四坡起拱时，长桁架通往角柱是有利的，如图 6-6 所示。

两向正交斜放网架用于较长的矩形建筑平面时，布置方法如图 6-6 所示。其平面桁架长度 l 为其相应的直角边的 $\sqrt{2}$ 倍，桁架最大的长度为 $\sqrt{2}l_1$。由此可以看出桁架长度并不因 l_2 的增加而改变。它克服了两向正交正放网架当建筑平面为长条矩形时接近单向受力状态的缺点。

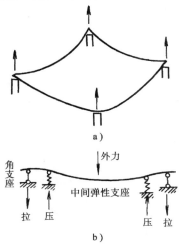

图 6-5　四角翘起分析图
a）四角翘起　b）对角线长桁架受力示意图

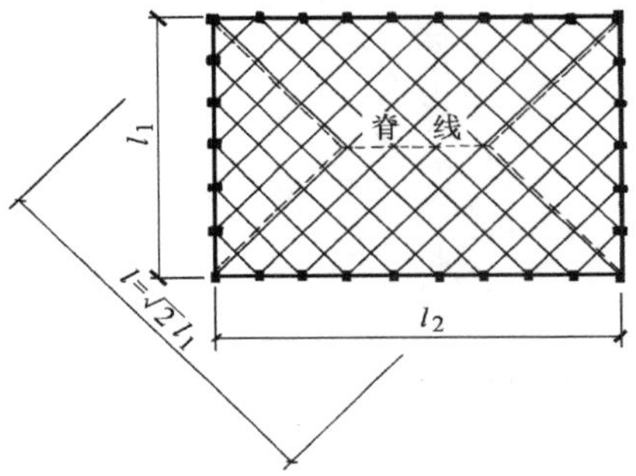

图 6-6　长桁架通往角柱（四坡起拱）

这种网架不仅适用于正方形建筑平面，而且也适用于不同长度的矩形建筑平面。由于它的建筑形式也较美观，因此使用范围较两向正交正放网架广泛。在周边支承的情况下，它与正交正放网架相比，不仅空间刚度较大，而且用钢量也较省。特别在大跨度时，其优越性更为明显。

3. 三向交叉网架

它是由三个方向的平面桁架互为 60° 夹角组成的空间网架，如图 6-7 所示。它比两向网架的空间刚度大。在非对称荷载作用下，杆件内力比较均匀。但它的杆件多，节点构造复杂。当采用钢管杆件球节点时，节点构造比较简单。

它适合于大跨度的建筑，特别适合于三角形、多边形和圆形平面的建筑，如图 6-8 所示。

这种网架的节间一般较大，有时可达 6m 以上，因此适于采用再分式桁架。

6.2.2　角锥体系网架

角锥体系网架是由三角锥、四角锥或六角锥单元（见图 6-9）分别组成的空间网架结构。由三角锥单元组成的叫三角锥体网架；由四角锥和六角锥单元组成的分别叫四角锥和六角锥体网架。它比交叉桁架体系网架刚度大，受力性能好。它还可以预先做成标准锥体单元，这样安装、运输、存放都很方便。

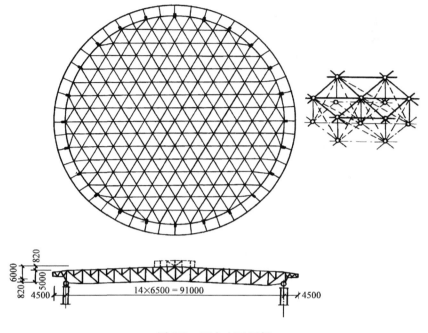

图 6-7　三向交叉网架

（辽宁体育馆）

1. 四角锥体网架

一般四角锥体网架的上弦和下弦平面均为方形网格，上下弦错开半格，用斜复杆连接上下弦的网格交点，形成一个个相连的四角锥体，如图 6-10 所示。四角锥体网架上弦不易设置再分杆，因此网格尺寸受限制，不宜太大。它适用于中小跨度。

目前，常用的四角锥体网架有两种。

（1）正放四角锥体网架　所谓正放，是指锥的底边与相应的建筑平面周边平行。

正放四角锥网架可以由倒四角锥（锥尖向下）单元组成（图 6-10），锥的底边相连成为网架的上弦杆，锥尖的连杆为网架的下弦杆，上下弦杆平面错开半个网格，锥体的棱角杆件为腹杆。

正放四角锥网架也可由正四角锥（锥尖向上）单元组成（图 6-11）。这样，锥的底边相连成为网架的下弦杆，锥尖的连杆为上弦杆，上下弦杆平面也错开半个网格。上海师范学院球类房屋顶结构就采用了这种网架（31.5m×40.5m）。

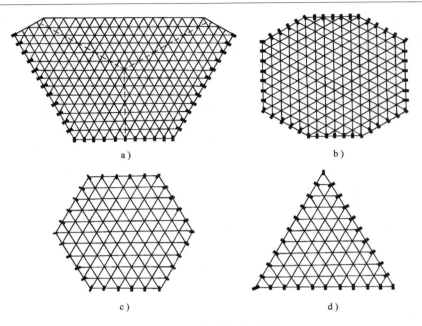

图 6-8　三向网架平面形式

a）扇形平面（上海文化广场）　b）八角形平面（江苏体育馆）

c）六角形平面　d）三角形平面

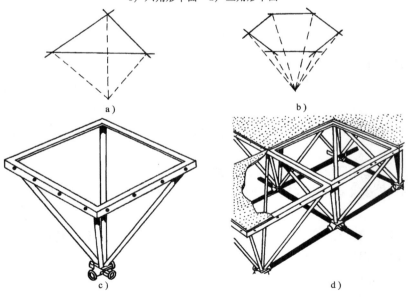

图 6-9　角锥单元图

a）三角锥单元　b）六角锥单元　c）四角锥单元　d）四角锥单元拼装

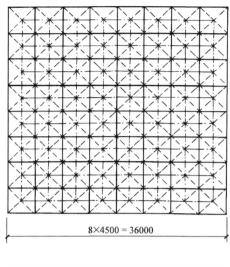

图 6-10　正放四角锥体网架（锥尖向下）

（杭州歌剧院）

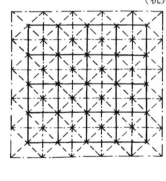

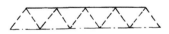

图 6-11　正放四角锥体网架（锥尖向上）

　　正放四角锥体网架杆件内力比较均匀。当为点支承时，除支座附近的杆件内力较大外，其他杆件的内力也比较均匀。屋面板规格比较统一，上下弦杆等长，无竖杆，构造比较简单。

　　这种网架适用于平面接近正方形的中、小跨度周边支承的建筑，也适用于大柱网的点支承、有悬挂吊车的工业厂房和屋面荷载较大的建筑。

为了降低用钢量，使构造简单以及便于屋面设置采光通风天窗，也可以跳格布置四角锥，如图 6-12 所示。

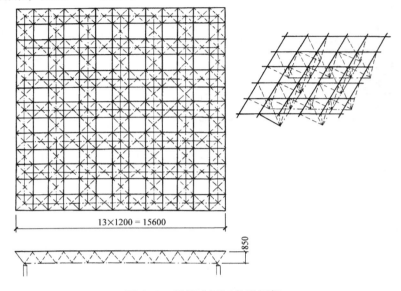

13×1200 = 15600

850

图 6-12　跳格布置四角锥网架

（2）斜放四角锥体网架　所谓斜放，是指四角锥单元的底边与建筑平面周边夹角为 45°，如图 6-13 所示。它比正放四角锥体网架受力更为合理。因为四角锥体斜放以后，上弦杆短对受压有利，下弦杆虽长但为受拉杆件，这样可以充分发挥材料强度。斜放四角锥体网架形式新颖，经济指标较好，节点汇集的杆件数目少，构造简单，因此近年来用得较多。它适用于中小跨度和矩形平面的建筑。它的支承方式可以是周边支承或边支承与点支承相结合，当为点支承时，要注意在周边布置封闭的边桁架以保证网架的稳定性。

2. 六角锥体网架

这种网架由六角锥单元组成，如图 6-14 所示。当锥尖向下时，上弦为正六边形网格，下弦为正三角形网格；与此相反，当锥尖向上时，上弦为正三角形网格，下弦为正六边形网格，如图 6-15 所示。

这种形式的网架杆件多，节点构造复杂，屋面板为六角形或三角时，施工也较困难。因此仅在建筑有特殊要求时采用，一般不宜采用。

3. 三角锥体网架

三角锥体网架是由三角锥单元组成。这种网架受力均匀，刚度较前述网格形式好，是目前各国在大跨度建筑中广泛采用的一种形式。它适合于矩形、三边形、梯形、六边形和圆形等建筑平面。

三角锥体网格常见的形式有两种。一种是上、下弦平面均为正三角形的网格，如图 6-16 所示。另一种是跳格三角锥体网格，其上弦为三角形网格，下弦为三角形和六角形网格，如图 6-17 所示，天津塘沽车站候车室就属于此类，其平面为圆形，直径为 47.18m。跳格三角锥网架的用料较省，同时杆件减少，构造也较简单，但空间刚度不如前者。

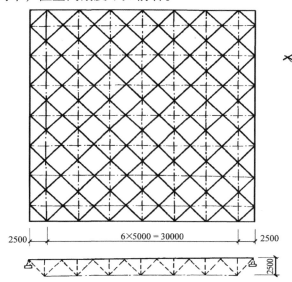

2500 | 6×5000 = 30000 | 2500

图 6-13 斜放四角锥网架

（上海体育馆练习馆）

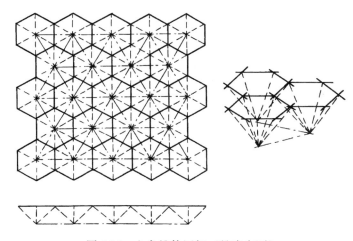

图 6-14 六角锥体网架（锥尖向下）

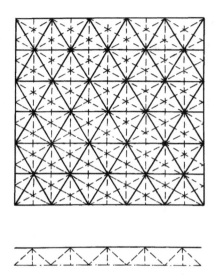

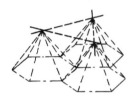

图 6-15 六角锥体网架（锥尖向上）

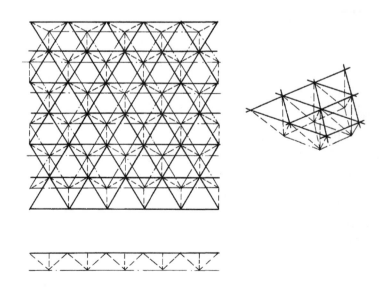

图 6-16 三角锥体网架

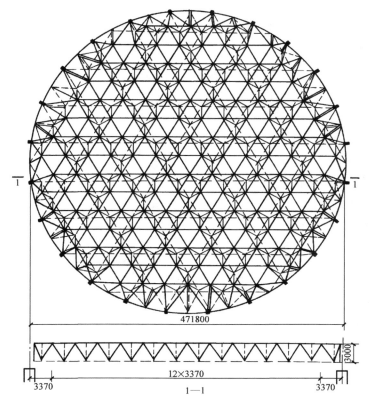

图 6-17 跳格三角锥体网架

（天津塘沽车站候车室）

6.3 平板网架的受力特点

平面桁架体系只考虑在桁架平面内单向受力，其计算简图如图 6-18 所示。在节点荷载作用下，它的上弦受压，下弦受拉，以此来抵抗外荷载引起的弯矩。腹杆抵抗剪力，上弦与下弦的内力通过腹杆来传递。桁架如同腹部挖孔的梁，它的受力特点与梁很接近。

平板网架的受力特点是空间工作。现以简单的双向正交桁架体系为例，来说明网架的受力特点，见图 6-19。

从图 6-19 中我们可以看出，这种计算方法的基本概念是把空间的网架简化为相应的交叉梁系，然后进行挠度、弯矩和剪力的计算，从而求出桁架各个杆件的内力。其基本假定为：

1）网架中双向交叉的桁架分别用刚度相当的梁来代替。桁架的上、下弦共同承担弯矩，腹杆承担剪力。

2）两个方向的桁架在交点处位移应相等（即没有相对位移），而且仅考虑竖向位移。

从图 6-19 的简图中可以看出，在两个方向桁架的交叉点，节点荷载 p 由两个方向的桁架共同承担，每个桁架分担 $p/2$。由此我们便把一个空间工作的网架简化为静定的平面桁架来计算弯矩、剪力和挠度，从而求出各个杆件的内力。其内力主要为轴力（拉力或压力）。

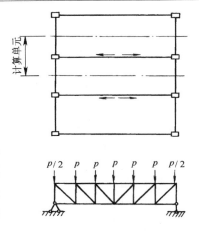

图 6-18 平面桁架计算简图

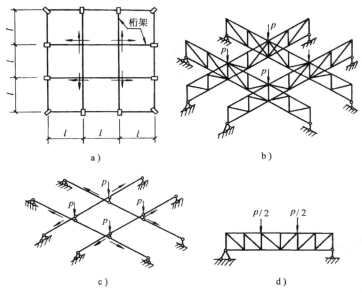

a)

b)

c)

d)

图 6-19 平板网架空间受力分析

a）平面布置 b）桁架受力图 c）桁架受力简图 d）简化为平面桁架

6.4 平板网架的主要尺寸

网架的形式、网架高度、网格尺寸、腹杆布置等，与建筑平面形状、支承条件、跨度大小、屋面材料、荷载大小、有无悬挂吊车、施工条件等因素有密切关系。

1. 网架高度

网架的高度（即厚度）直接影响网架的刚度和杆件内力。增加网架的高度可以提高网架的刚度，减少弦杆内力，但相应的腹杆长度增加，围护结构加高。网架的高度主要取决于网架的跨度。网架的高度与短向跨度之比一般为

当跨度小于30m时，约为$\frac{1}{10} \sim \frac{1}{13}$；

当跨度为 30 ~ 60m 时，约为$\frac{1}{12} \sim \frac{1}{15}$；

当跨度大于60m时，约为$\frac{1}{14} \sim \frac{1}{18}$。

当屋面荷载较大或有悬挂吊车时，为了满足刚度要求（一般控制挠度小于1/250跨度），网架高度可大些；当采用轻屋面时，网架高度可小些。当建筑平面为方形或接近方形时，网架高度可小些；当建筑平面为长条形时，网架高度可大些，因为长条形平面网架的单向梁作用较为明显。当采用螺栓球节点时，则希望网架高度大些，以减小弦杆内力，并尽可能使各杆件内力相差不要太大，以便统一杆件和螺栓球的规格；当采用焊接节点时，网架高度则可小些。

2. 网格尺寸（主要指上弦）

网格尺寸应与网架高度配合确定，以获得腹杆的合理倾角；同时还要考虑柱距模数、屋面构件和屋面做法等。

网格的尺寸也取决于网架的跨度。在可能的条件下，网格宜大些，以减少节点数和更有效地发挥杆件的截面强度，简化构造，节约钢材。当采用钢筋混凝土屋面板时，网格尺寸不宜过大，一般不超过 3m × 3m，否则构件重，吊装困难；当采用轻型屋面时，可取檩条间距的倍数。当网架杆件为钢管时，由于杆件截面性能好，网格尺寸可以大些。当杆件为角钢时，由于截面受长细比限制，杆件不宜太长，网格尺寸不宜太大。

网格尺寸与网架短向跨度之比，一般为

当跨度小于30m时，约为$\frac{1}{8} \sim \frac{1}{12}$；

当跨度为 30 ~ 60m 时，约为$\frac{1}{11} \sim \frac{1}{14}$；

当跨度大于60m时，约为$\frac{1}{13} \sim \frac{1}{18}$。

3. 腹杆布置

腹杆布置应尽量使受压杆件短，受拉杆件长，减小压杆的长细比，充分发挥

杆件截面的强度，使网架受力合理。对交叉桁架体系网架，腹杆倾角一般在40° ~55°之间。对角锥网架，斜腹杆的倾角宜采用60°，这样可以使杆件标准化。

对于大跨度网架，因网格尺寸较大，为了减小上弦长度，宜采用再分式腹杆，如图6-20所示。这样可以避免上弦的局部弯曲，并减小其长细比，使受力更为合理。

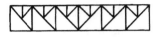

图 6-20　再分式网架

6.5　网架的支承方式与支座节点

1. 网架的支承方式

网架的支承方式与建筑的功能和形式有密切关系。设计时，应把结构的支承体系与建筑的平、立面设计综合起来考虑。目前常用的支承方式有两类。

1）周边支承，如图6-21所示。图6-21a为网架支承在一系列边柱上的情况。网架的支座节点位于柱顶，传力直接，受力均匀，适用于大跨度及中等跨度的网架。图6-21b、6-21c为网架支承在圈梁上的情况，圈梁支承在若干个边柱上（或砖墙上）。这种支承方式，柱子间距比较灵活，网格的分割也不受柱距的限制，建筑的平面和立面处理灵活性较大，网架受力也较均匀，对于中、小跨度的网架是比较合适的。

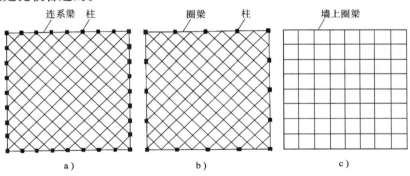

图 6-21　周边支承网架

周边支承的网架可以不设置边桁架，因此网架的用钢指标较低。

2）四点支承或多点支承，如图6-22所示。这种支承方式是整个网架支承在四个支点或更多的支点上。

当采用四点支承时，柱子数量少，刚度大，可以利用柱子采用顶升法安装网架。由于柱子少，使用灵活，对于大柱距的厂房或大仓库等建筑非常合适。当采用四点支承时，网架周边一般都有悬挑部分，挑出长度以四分之一柱距为宜。这样可以利用悬臂部分来减小网架中部的内力和挠度，获得较好的经济效果。

有时，由于使用要求，还可采用三边支承一边自由的支承方式，这时网架的自由边必须设置边梁（或桁架梁），如图 6-23 所示。这种支承方式适合于飞机库或飞机的修理及装配车间等。

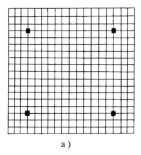
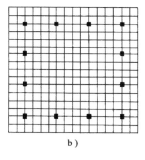

a）

b）

图 6-22　四点与多点支承网架

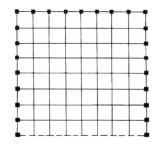

图 6-23　三边支承网架

2. 支座节点

网架结构的支座节点一般采用铰支座。铰支座的构造应该符合它的力学假定，允许转动，否则网架的实际内力和变形就可能与计算值出入较大，容易造成事故。

根据网架的跨度大小、支座受力特点和温度应力等因素的差别，一般可做成不动铰支座或半滑动的铰支座。有的网架（如两向正交斜放网架）角部对支座产生拉力，因此角部应做成能够抵抗拉力的铰支座。

对于跨度较小的网架可采用平板支座，如图 6-24 所示。对于跨度较大的网架，由于挠度较大和温度应力的影响，宜采用可转动的弧形支座，即在支座板与柱顶板之间加一弧形钢板，如图 6-25 所示。以上两种，基本上属于不动铰支座。当网架跨度大，或网架处于温差较大的地区，其支座的转动和侧移都不能忽视时，为了满足既能转动又能有一定侧移的要求，支座可以做成半滑动铰式的摇摆支座，如图 6-26 所示。支座的上下托座之间装一块两面为弧形的铸钢块。这种支座的缺点是只能在一个方向转动，且对抗震不利。球形铰支座，既可以满足两个方向的转动，又有利于抗震，如图 6-27 所示。抗拉支座构造见图 6-28。

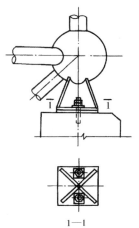

1—1

图 6-24　平板支座节点

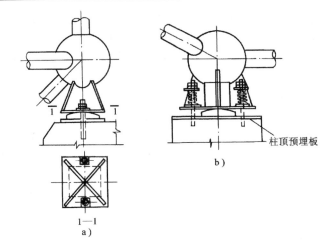

图 6-25　弧形支座节点

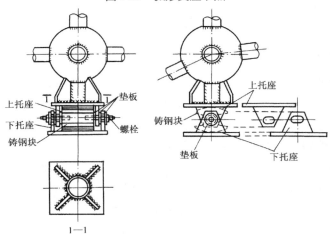

图 6-26　摇摆支座节点

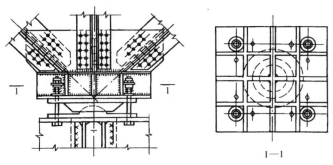

图 6-27　球铰支座节点

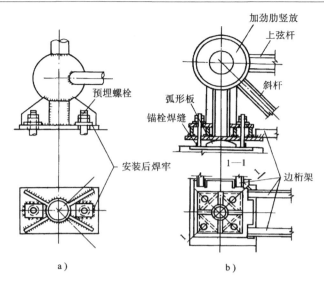

图 6-28 抗拉支座节点

6.6 网架的杆件截面与节点

1. 网架的杆件截面

网架杆件常用的为钢管和角钢两种。钢管的厚度最薄为 1.5mm。由于钢管比角钢受力更为合理，材料较省，根据现有资料的初步分析，可省 30% ~ 40% 的钢材用量。

2. 杆件节点

平板网架节点汇交的杆件多，一般均有 10 根左右，而且呈立体几何关系。因此，节点形式和构造合理与否，对结构的受力性能、制造安装、用钢量和工程造价影响很大。首先各杆件的形心线在节点上应对中汇于一点，不要引起附加的偏心力矩。理想的节点应该安全可靠、构造简单、易于制作拼装、节约钢材。节点的形式种类很多，当杆件采用钢管时，节点宜采用球节点。它的特点是各方向杆件轴线容易汇交于球心，构造简单，用钢量少，节点体形小，形式轻巧美观。普通球节点是用两块钢板模压成半球，然后焊成整体。为了加强球的刚度，球内可焊上一个加劲环。球节点构造示意见图 6-29。

螺栓球节点是在实心钢球上钻出螺栓孔，用螺栓联接杆件，如图 6-30 所示。这种节点不用焊接，避免了焊接变形，同时加快了安装速度，也有利于构件的标准化，适于工业化生产。缺点是构造复杂、机械加工量大。

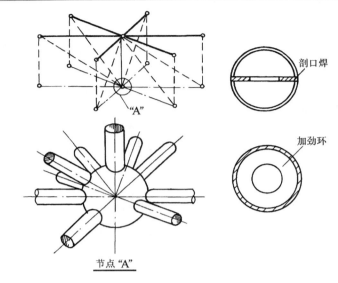

图 6-29　焊接球节点

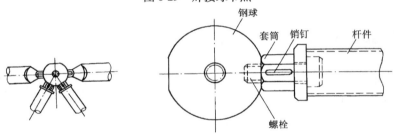

图 6-30　螺栓球节点

6.7　网架结构的施工

网架是空间结构，跨度大，杆件多，网架的制作与安装要求精度高。否则，不仅会造成施工困难，而且会改变结构原设计的几何关系和受力状态，产生附加内力使部分杆件受力过大。对于角钢网架，当采用螺栓联接时，主要应保证螺栓孔位置的准确度。当采用焊接节点时，要控制好各部分尺寸，保证焊接质量。

网架结构的安装，在建筑方案设计时，就应该充分考虑。它对设计方案、工程造价和施工进度都有很大影响。安装方法与建筑平面、建筑空间、施工场地、吊装能力都有密切关系。安装方法可分为高空拼装和整体安装两类。

1. 高空拼装法

可以将单根构件在高空进行拼装，也可以在地面先拼成小的安装单元，然后在高空进行整体拼装。图6-31为首都体育馆安装方案的示意图，其中图6-31a表示拼装次序，按实线箭头方向向前拼，按虚线箭头方向铺开，图6-31b表示了三种拼装单元，均由工厂预制。这种安装方法适用于周围有辅助用房，网架结构被围在中间，无法采用整体安装的工程，或吊装能力低的工程。剧院建筑观众厅网架，由于周围有挑台、耳光、舞台、休息厅等，就需要采用这种方法，如杭州歌剧院的网架就是采用类似方法安装的。

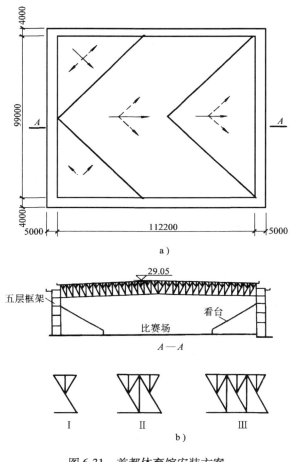

图6-31　首都体育馆安装方案

a）拼装次序　b）拼装单元

2. 整体安装法

将网架在地面预先拼装好再进行整体安装。这样可以避免高空作业。对于中小跨度的网架，由于重量轻可以利用几台履带式起重机共同起吊。图6-32为北京国际俱乐部网球馆整体吊装示意图。当网架跨度很大时，可以采用组合式扒杆起吊安装，图 6-33 为上海体育馆网架安装图。对于四根钢柱支承的网架，可以利用钢柱顶升网架，援巴基斯坦体育馆网架的安装即采用顶升法。

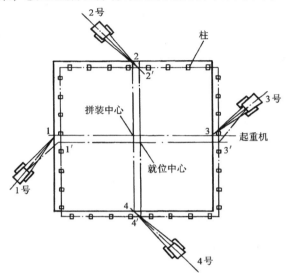

图 6-32　北京国际俱乐部网球馆网架抬吊示意图

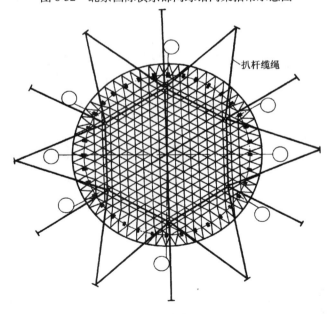

图 6-33　上海体育馆网架安装扒杆布置图

6.8　网架结构工程实例（见图 6-34，图 6-35）

上海体育馆，位于上海市西南郊，总占地 10.6hm²，包括比赛馆、练习馆、运动员宿舍、食堂及其他附属建筑。

体育馆建筑面积为 3.1 万 m²，可容纳 1.8 万名观众，固定看台有 1.6 万座席，活动看台 2 千座席。

观众厅为圆形，屋盖直径为 110m，采用球节点三向钢网架结构，周边支承在 36 根柱子上。网架高度为 6m，网格尺寸为 6.11m，用钢量为 47kg/m²（节点4.6kg/m²）。屋面采用铝合金板、三防布、望板钢檩体系。

图 6-34　俯瞰图

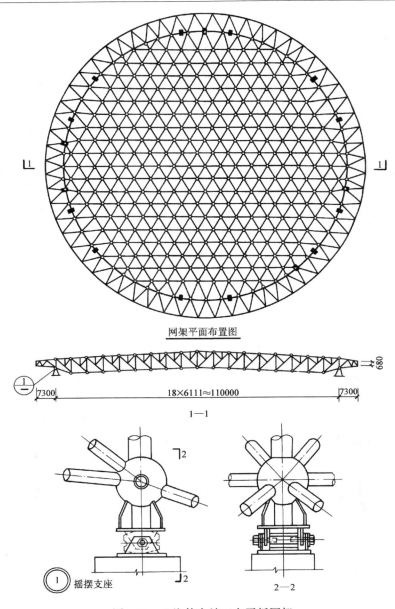

网架平面布置图

1—1

① 摇摆支座

2—2

图 6-35 上海体育馆三向平板网架

第 7 章

薄壁空间结构

7.1 概述

梁式结构主要受弯矩作用；桁架结构在节点荷载作用下，各杆件受轴力作用，受压或受拉；拱式结构主要受轴力作用。这些结构均属杆件系统结构。

在面结构中，平板结构主要受弯曲内力，包括双向弯矩和扭矩，如图 7-1a 所示。薄壁空间结构，如图 7-1b 所示的壳体，它的厚度比其他尺寸（如跨度）小得多，属于空间受力状态，主要承受曲面内的轴力（双向法向力）和顺剪力作用，弯矩和扭矩都很小。

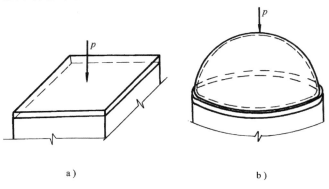

图 7-1　面结构

a）平板结构　b）曲面结构（壳）

薄壁空间结构，由于它主要承受曲面内的轴力作用，所以材料强度能得到充分利用；同时由于它的空间工作特性，所以具有很高的强度和很大的刚度。例如 6m×6m 的钢筋混凝土双向板，最小厚度需 13cm，而 35m×35m 的双曲扁壳屋盖，壳板厚度仅 8cm。壳体的自重轻，材料省。自然界在这方面给了我们很好的启示，如动物的蛋壳，植物种子的外壳都是以最少的材料建造坚强的薄壁空间结构的很好例子。

　　薄壳常用于屋盖结构，特别适用于较大跨度的建筑物，如展览大厅、俱乐部、飞机库、食堂、工业厂房、仓库等。在一般的民用建筑中也常采用薄壳结构。壳体的种类很多，它的形式丰富多彩，而且适用于各种平面，这为创作多种形式的建筑物提供了良好的结构条件。

　　薄壳结构在应用中也存在一些问题，由于它体形复杂，一般采用现浇结构，所以费模板、费工时，往往因此而影响它的推广。改进的方向是采用工具模并重复使用或采用装配式或装配整体式结构等，在这方面各国都已积累了很多经验。

7.2　薄壁空间结构的曲面形式

　　薄壁空间结构的曲面通常以其中面为准，壳体结构中平分壳板厚度的曲面称为中面。

　　薄壁空间结构的曲面形式按其形成的几何特点可以分为下列几类：

1. 旋转曲面

　　由一平面曲线作母线绕其平面内的轴旋转而形成的曲面称旋转曲面。

　　在薄壁空间结构中，常用的旋转曲面有球形曲面、旋转抛物面和旋转椭球面等，见图 7-2。圆顶结构就是旋转曲面的一种。

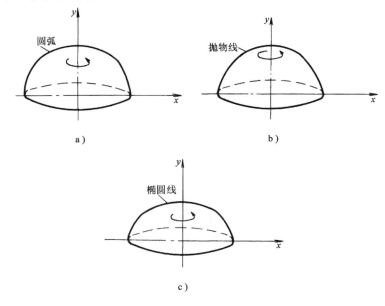

图 7-2　常用的旋转曲面

a）球形曲面　b）抛物面　c）椭球面

2. 平移曲面

一竖向曲母线沿另一竖向曲导线平移所形成的曲面称平移曲面。在工程中常见的椭圆抛物面双曲扁壳就是平移曲面。它是以一竖向抛物线作母线沿另一凸向相同的抛物线作导线平行移动而形成的曲面。因为这种曲面与水平面的截交线为椭圆曲线，所以称之为椭圆抛物面，见图 7-3。

3. 直纹曲面

一段直线的两端各沿二固定曲线移动形成的曲面叫直纹曲面。常用的直纹曲面有如下几种：

（1）双曲抛物面　它是以一根直母线跨在两根相互倾斜但又不相交的直导线上平行移动而形成的曲面，工程中常称它为扭面，如图 7-4a 所示，工程中扭壳就是由扭面组成的。它也可以用一根竖向抛物线沿一凸向相反的抛物线移动而

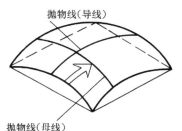

图 7-3　平移曲面

形成，见图 7-4b。扭面也可以认为是从双曲抛物面中沿直纹方向截取的一部分，如图 7-4c 中的 abcd 方块。

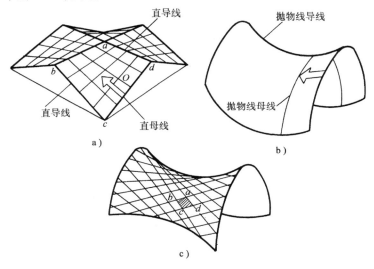

图 7-4　双曲抛物面（直纹曲面）

a）扭面　b）抛物面的形成　c）双曲抛物面

（2）柱面与柱状面　柱面是由直母线沿一竖向曲导线移动而形成的曲面，如图 7-5a 所示。工程中的筒壳（柱面壳）就是柱面组成的。

柱状面是由一直母线沿着两根曲率不同的竖向曲导线移动，并始终平行于一

导平面而形成，如图7-5b所示，工程中的柱状面壳就是柱状面组成的。

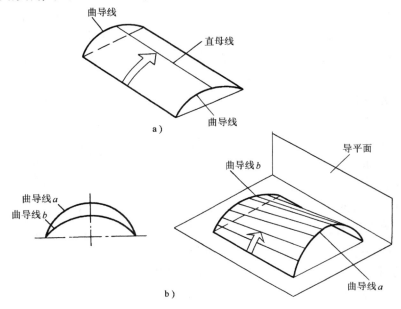

图7-5 柱面与柱状面（直纹曲面）

a）柱面 b）柱状面

（3）锥面与锥状面 锥面是一直母线沿一竖向曲导线移动，并始终通过一定点而形成的曲面，如图7-6a所示，工程中的锥面壳就是锥面组成的。

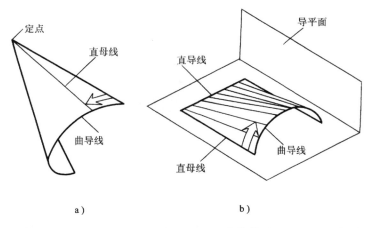

图7-6 锥面与锥状面（直纹曲面）

a）锥面 b）锥状面

锥状面是由直母线沿一根直导线和一根竖向曲导线移动，并始终平行于一导平面而形成的曲面，如图7-6b所示。工程中的锥状面壳（劈锥壳）就是锥状面组成的。

直纹曲面壳体的最大优点是建造时模板容易制作，所以工程中应用较多。

以上曲面在薄壁空间结构中的应用见图7-7。

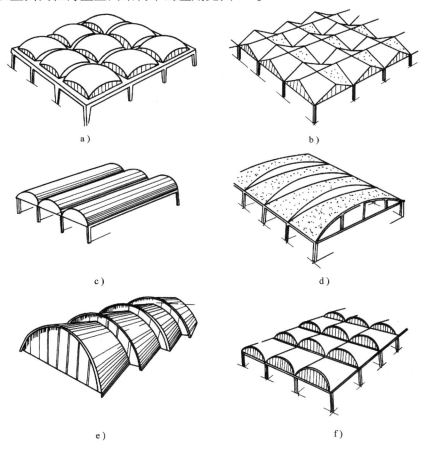

a)

b)

c)

d)

e)

f)

图 7-7　薄壳屋盖

a）双曲扁壳　b）扭壳　c）筒壳　d）锯齿形壳（柱状）　e）锥形壳　f）劈锥壳

7.3　筒壳（柱面壳）

筒壳的壳板为柱形曲面，所以也称为柱面壳。

筒壳在民用和工业建筑中被广泛采用。因为壳板为单向曲面，几何形状简单，所以模板制作容易，施工方便。

筒壳一般由壳板、边梁和横隔三部分组成。两个横隔之间的距离 l_1 称为跨度，两边梁之间的水平距离 l_2 称为波长，见图7-8。筒壳的空间工作是由壳板、边梁和横隔三部分协同完成的，其示意见图7-9。没有横隔的筒壳板不能形成空间工作，在竖向荷载作用下，很快丧失稳定，因此承载能力比具有横隔的筒壳小得多。

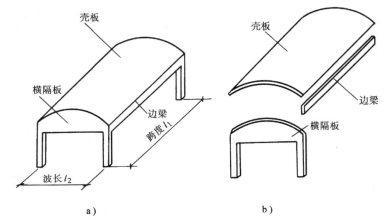

图7-8　筒壳的组成

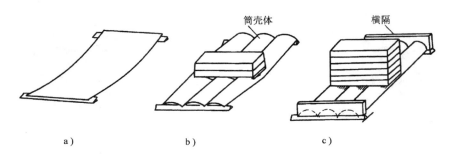

图7-9　筒壳空间工作示意图

a) 薄平板　b) 壳板加载破坏　c) 有横隔的壳体加载

实际工程中，筒壳的跨度与波长的比例是不同的。l_1 与 l_2 的比值不同，筒壳的受力状态就不同。当 l_1 与 l_2 的比值增加到一定程度时，筒壳就会像弧形截面梁一样受力；当 l_1 与 l_2 的比值减小时，筒壳的空间工作性能就愈来愈明显，这主要反映了横隔对空间工作的影响。因此，工程中按跨度与波长的比值将筒壳分为两类：

当跨度与波长的比值 l_1/l_2 大于 1 时，称为长壳；当 l_1/l_2 的比值小于 1 时称为短壳。下面分别予以介绍。

7.3.1　长壳

1. 结构形式与尺寸

长壳大部分是多波式的，其剖面形状如图 7-10a。

l_1 与 l_2 的比值一般为 1.5 ~ 2.5，也可达 3 ~ 4。当跨度等于和超过 24m 时，宜采用预应力钢筋混凝土边梁。为了保证壳体的强度和刚度，壳体截面的总高度 f 一般不应小于 $\left(\dfrac{1}{10} \sim \dfrac{1}{15}\right)l_1$，采用预应力钢筋混凝土边梁的壳体可适当减少。矢高 f_1 不应小于 $\dfrac{1}{8}l_2$。与壳体截面对应的圆心角以 60° ~ 90° 为宜，见图 7-10b。壳板边缘处坡度不宜超过 40°，避免浇筑混凝土时发生自然塌落，否则须上下两面支模。如果角度过大，坡度太陡，夏季高温时，屋面油毡沥青还会流淌。

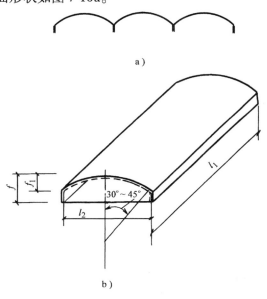

图 7-10　壳面的形式

a) 多波　b) 剖面尺寸

常用的壳板形状为圆弧形曲面。壳板的厚度一般为 5 ~ 8cm，预制钢丝网壳板厚度还可以小些，一般不宜小于 3.5cm。由于壳板与边梁连接处横向弯矩较大，所以在边梁附近局部加厚，如图 7-11 所示。

边梁与壳板整体受力，集中放置纵向受拉钢筋，并可减少壳板的水平位移。边梁的截面形式对壳板内力分布有很大影响。常用的边梁形式如图 7-11 所示。

图 7-11a 的边梁向下，增加了薄壳的高度，使受力有利、省料，是最经济的一种。

图 7-11b 为平板式，水平刚度大，有利于减少壳板的水平位移，适用于边梁下有墙或中间支承的建筑。

图 7-11c 适用于小型筒壳。

图 7-11d 可结合边缘构件做排水天沟。

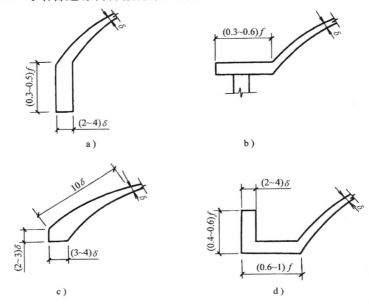

图 7-11　边梁形式

横隔构件是壳板和边梁的支承构件，它承受壳板及边梁传来的剪力。常见的横隔构件如图 7-12 所示。

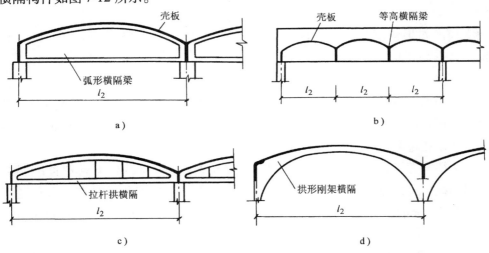

图 7-12　横隔形式

a）弧形横隔梁　b）等高横隔梁　c）拉杆拱横隔　d）拱形刚架横隔

2. 长壳受力特点和内力计算简介

薄壳是空间结构，在荷载作用下产生的内力与普通梁板结构不同，内力的计算也比普通梁板结构复杂得多。为了了解长壳受力的特点，下面先简单介绍一下壳体内力的一般情况，然后以中波长壳为例，介绍长壳内力计算方法。

薄壳受载后，壳体中产生的内力，在一般情况下，如下面单元体（即从壳体中截取的 $\mathrm{d}x = 1$，$\mathrm{d}s = 1$，厚度等于壳厚 δ 的单元体）所示，见图 7-13。

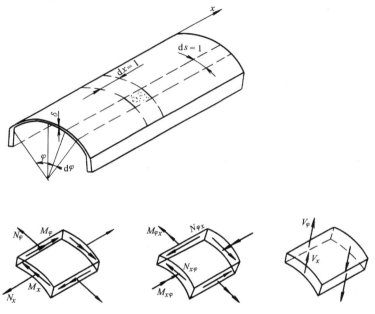

图 7-13　长筒壳的内力

其中 N_x、N_φ、$N_{x\varphi}$、$N_{\varphi x}$ 是壳体中面内的轴力和顺剪力，这些内力常称为薄膜内力，M_φ 和 V_φ 是环向（即筒壳拱圈）的弯矩和横剪力，M_x 和 V_x 是纵向的弯矩和横剪力，$M_{x\varphi}$ 和 $M_{\varphi x}$ 是扭矩，这些内力常称为弯曲内力。薄膜内力是由于中面轴向变形和剪切变形产生的。而弯曲内力是由于中面的曲率和扭率的改变产生的。理想的薄膜没有抵抗弯曲和扭曲的能力，在荷载作用下只能发生作用在中面的内力 N_x、N_φ、$N_{x\varphi}$ 和 $N_{\varphi x}$（$N_{x\varphi} = N_{\varphi x}$）。这就是薄膜内力这一名词的由来。

在许多壳体的计算中，弯曲内力可以忽略，只需计算薄膜内力。薄膜内力在壳体内引起的应力是沿厚度均匀分布的，所以材料强度的利用比较充分，结构因而比较经济。为了达到这一目的，工程设计中常常尽可能减少弯曲内力。

壳体中实现薄膜内力状态需要满足一定的条件，这就是：①中面的曲率是连续变化的；②壳体的厚度是逐渐变化的；③荷载是连续分布的；④壳体的支座只在中面的切线方向阻止位移并产生反力。当这些条件不能满足时，弯曲内力就会产生。承受均布荷载的筒壳屋盖有可能满足上述条件，因此在一定条件下，有可能实现薄膜内力状态。

仅考虑薄膜内力的计算理论称为薄膜理论，或称为无弯矩理论。考虑弯曲内力的计算理论称为弯曲理论，或有矩理论。

在工程设计中，计算筒壳可以使用三种理论：

（1）梁理论　即利用材料力学中梁的理论计算 N_x、$N_{x\varphi}$、$N_{\varphi x}$（$N_{x\varphi} = N_{\varphi x}$）、$M_\varphi$、$V_\varphi$ 和 N_φ。通过试验和计算结果表明，在长壳中，当 $l_1/l_2 \geq 3$ 时，梁理论可以近似地应用于设计。

（2）薄膜理论　只求 N_x、N_φ、$N_{x\varphi}$ 和 $N_{\varphi x}$（$N_{x\varphi} = N_{\varphi x}$），而忽略弯曲内力。在短壳中，当 $l_1/l_2 \leq \dfrac{1}{2}$ 时，薄膜理论可以近似地应用于设计。

（3）有矩理论或弯曲理论　这个理论比较精确而且复杂，可以求出壳体的全部内力，设计中长壳$\left(\text{即}\dfrac{1}{2} < \dfrac{l_1}{l_2} < 3 \text{ 的筒壳}\right)$时，必须应用这一理论。有时为了简化计算而忽略弯矩 M_x 和扭矩 $M_{x\varphi}$，这样便得到所谓半弯矩理论。

以上简要介绍了壳体内力的一般情况，下面简单介绍长壳内力的计算方法。

长壳一般是多波形式的，由于边波的边界条件比较特殊，所以这里仅以承受对称均布荷载的中波为例。根据梁理论，当 $l_1/l_2 \geq 3$ 时，壳体中的内力为 N_x、$N_{x\varphi}$、$N_{\varphi x}$（$N_{x\varphi} = N_{\varphi x}$）、$N_\varphi$、$M_\varphi$ 和 V_φ。这些内力的计算步骤如下：

1）把整个壳体看成是两端支承在横隔上的梁，计算内力 N_x 和 $N_{x\varphi}$（$N_{\varphi x} = N_{x\varphi}$）。其内力以及梁的截面和截面应力分布情况如图 7-14 所示。

2）利用 $N_{x\varphi}$（即第一步计算所得的 $N_{x\varphi}$）计算拱圈，求出内力 N_φ、M_φ 和 V_φ。其计算简图以及内力如图 7-15 所示。q_2 为拱圈荷载；$\Delta N_{x\varphi} = \mathrm{d}N_{x\varphi}/\mathrm{d}x$。

壳体最后的内力包括图 7-14b 以及图 7-15c 单元体所示内力的总和。

关于横隔构件的计算：横隔构件是长壳的支座，它承受自重和壳板传来的顺剪力 $N_{x\varphi}$ 的作用，它可以作为独立的平面构件进行内力计算。

长壳按梁理论计算的受力分析见图 7-16。

7.3.2　短壳

短壳一般也是由壳板、边梁和横隔构件三部分组成。其跨度与波长的比值 $l_1/l_2 < 1$，通长等于或小于 0.5，短壳一般是多跨的，如图 7-17 所示。

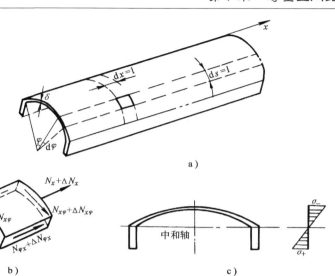

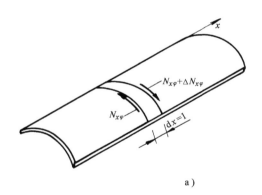

图 7-14　长筒壳按梁理论的截面应力

a）长筒壳　b）单元体内力图　c）截面应力

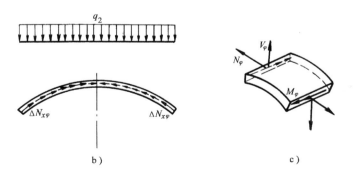

图 7-15　长筒壳横向按拱圈计算的内力图

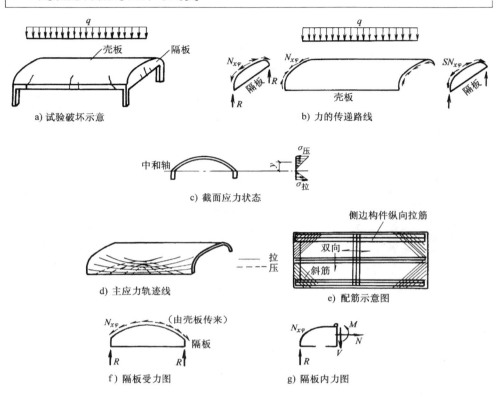

图 7-16 长筒壳按梁理论计算的受力分析

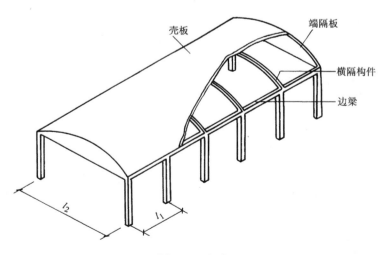

图 7-17 短壳

1. 壳板

壳板的矢高 f_1 不应小于 $l_2 1/8$。壳板内的应力不大，通常不必计算，可按跨度及施工条件决定其厚度。对普通跨度（$l_1 = 6 \sim 12\text{m}$，$l_2 = 18 \sim 30\text{m}$）的屋盖，当矢高不小于 $l_2/8$ 时，厚度可按表 7-1 选定。

表 7-1　短壳的板厚

横隔的间距 l_1/m	6	7	8	9	10	11	12
壳板厚 δ/cm	5~6	6	7	7~8	8	9	10

2. 边梁

边梁宜采用矩形截面，其高度一般为（$1/15 \sim 1/10$）l_1，而且不应小于 $l_1/15$，宽度为高度的 $1/5 \sim 2/5$。

3. 横隔构件

横隔构件宜采用拉杆拱，当波长较大时也可采用拱形桁架。横隔构件的间距一般采用 $6 \sim 12\text{m}$。

图 7-18 为一短壳工程实例。该建筑为一工业厂房，屋盖为圆弧形曲面短壳结构。圆弧半径为 20.5m。壳板厚 7cm，横隔构件为拱形框架，拱断面为 60cm × 100cm，两端横隔采用拱形桁架。拱形框架跨度 24m，间距 9.5m。

7.3.3　筒壳的采光与开洞

筒壳的采光可以布置成锯齿形屋盖来解决，柱距 l_2 一般不大于 12m，见图 7-19。这样采光均匀，波谷泄水量较小，建筑造型也较美观。

当长壳采用天窗孔时，孔洞宜布置在壳体顶部。洞的横向尺寸不宜大于波长的 1/4（即 $l_2/4$）。洞的纵向尺寸可不加限制，但洞的四周必须加肋，沿纵向必须设置横撑，横撑间距 $2 \sim 3\text{m}$，见图 7-20。

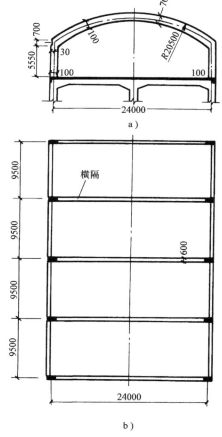

a)

b)

图 7-18　短壳工程实例
a）横剖面　b）平面

图 7-19　筒壳（锯齿形）的采光

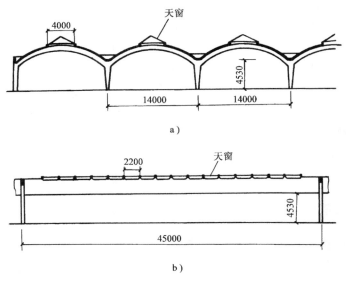

图 7-20　长筒壳开天窗

a）横剖面　b）纵剖面

7.4　折板结构

折板结构与筒壳同时出现是薄壁空间体系的另一种形式。它是以一定角度整体联系的薄板体系。它受力性能良好，构造简单，施工比筒壳方便，模板消耗量少。它不仅用于屋盖结构，而且也在挡土墙、囤仓等工程中有一些应用。

我们常用的折板结构为预制预应力 V 形折板，它可以长线叠层生产，施工简便，节约模板。

1. 结构形式与尺寸

折板结构的形式主要分为有边梁的和无边梁的两种。无边梁的折板由若干等厚度的平板和横隔构件组成，预制 V 形折板就是其中的一种。有边梁的折板一般为现浇结构，由板、边梁和横隔构件三部分组成，与筒壳类似，如图 7-21a 所示。边梁的间距 l_2 通长也称为波长，横隔的间距 l_1 称为跨度。

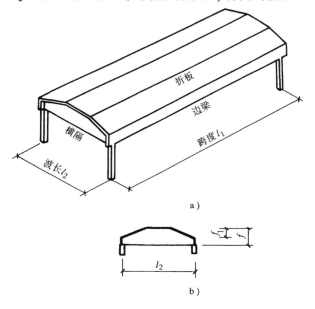

图 7-21 折板的组成

折板结构可以有单波和多波的，单跨和多跨的，如图 7-22 所示。板的宽度一般不宜大于 3.5m，厚度不超过 10cm，否则板的横向弯矩过大，板厚增加，自重大，不经济。顶板的宽度应为 $(0.25 \sim 0.4) l_2$。波长 l_2 一般不应大于 12m，跨度 l_1 可达 27m，甚至更大。

多波板应做成同样厚度，对于现浇折板，其倾角不宜大于 30°，坡度太大浇筑混凝土时须采用上下双面模板或喷射法施工。$l_1/l_2 \geqslant 1$ 时称长折板；$l_1/l_2 < 1$ 时称为短折板。长折板的矢高 f 一般不小于 $(1/10 \sim 1/15) l_1$；短折板的矢高 f_1 一般不小于 $1/8 l_2$，见图 7-21。

边梁与横隔构件的构造与筒壳类似。因折板结构的波长 l_2 都在 12m 以内，横隔构件的跨度较小。所以，横隔构件多为横隔梁、三角形框架梁等形式。

壳板、边梁和横隔构件的空间协同工作与筒壳类似，见前图7-9。

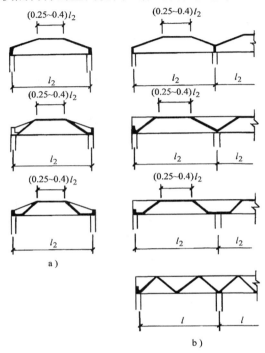

图7-22 折板的形式

a）单波 b）多波

2. 折板受力特点

折板结构的波长 l_2 一般不宜太大，实际工程中，跨度 l_1 经常是波长 l_2 的好几倍长，一般 l_1/l_2 都在 5 以上。因此，折板结构大多为长折板，它的受力特点与长筒壳类似，$l_1/l_2 \geqslant 3$ 的长折板可按梁理论计算。现以图7-23所示的对称长折板为例进行分析。

3. 折板工程实例（见图7-24）

以上介绍的筒壳和折板在受力性能上虽然比受弯构件合理，但是仍不能更充分发挥材料的作用。它们的跨度大约在 30m 以内是有利的。当跨度很大时宜采用双曲薄壳。双曲薄壳荷载是双向传递的，从而减少了壳体中的法向应力。双曲壳面不像筒壳那样可以展开，因此具有较大的抗弯刚度和较高的稳定性，壳板的厚度可以做得更薄，而且能覆盖的跨度又较大。如柱网为 21m×12m 的单层厂房屋盖（图 7-25）采用双曲椭圆扁壳，壳厚为 6cm，与 12m×18m（$l_2 \times l_1$）的长筒壳锯齿屋盖（图 7-26）相比，可节省混凝土 26%，钢材 32%。

　　双曲壳的形式很多，它特别适用于要求大空间的大跨建筑。下面介绍几种常用的双曲壳——圆顶壳、双曲扁壳和双曲抛物面壳等。

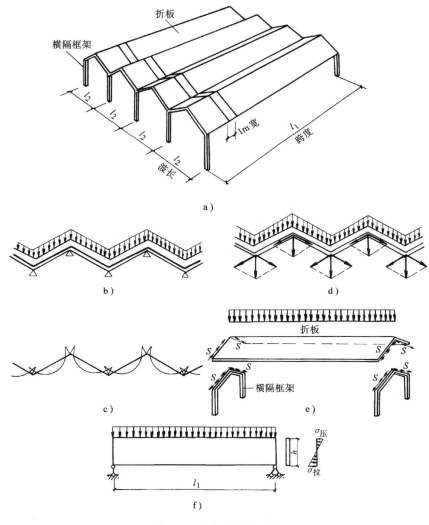

图 7-23　折板的受力分析

a）折板结构　b）折板横向计算简图　c）折板横向计算弯矩图

d）各板面之间的相互作用　e）折板结构纵向受力分析

f）折板纵向计算简图及断面应力图

图 7-24　折板工程实例

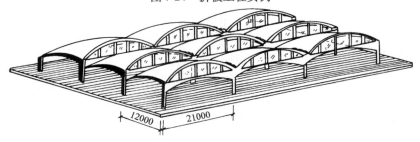

图 7-25　锯齿形双曲扁壳

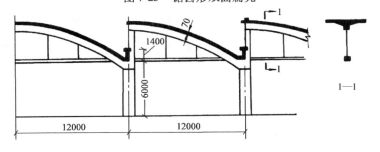

图 7-26　锯齿形筒壳

7.5　圆顶结构

1. 结构形式与特点

圆顶结构是极古老而近代仍然大量应用的一种结构形式。圆顶属于旋转曲面壳。由于它具有很好的空间工作性能，因此很薄的圆顶可以覆盖很大的跨度。目前钢筋混凝土圆顶的直径已超过 200m。圆顶结构可以用在大型公共建筑，如天文馆、展览馆的屋盖及圆水池的顶盖中。

　　按壳面的构造不同，圆顶结构可以分为平滑圆顶、肋形圆顶和多面圆顶三种，如图 7-27 所示。

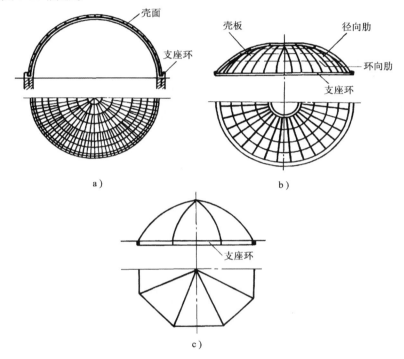

图 7-27　圆顶结构
a）平滑圆顶　b）肋形圆顶　c）多面圆顶

　　在实际工程中平滑圆顶应用较多。当建筑平面不完全是圆形以及由于采光要求需要将圆顶表面分成单独的区格时，可采用肋形圆顶。

　　肋形圆顶是由径向及环向肋系与壳板组成，肋与壳板整体连接。当圆顶直径不大时通常仅设径向肋。为了施工方便最好采用预制装配式结构。

　　多面圆顶结构是由数个拱形薄壳相交而成，如图 7-27c 所示。多面圆顶与圆形圆顶相比，其优点主要是支座距离可以较大。多面圆顶比肋形圆顶经济，自重较轻。

　　圆顶结构除壳面外，还有一个重要的组成部分——支座环。它对圆顶起箍的作用，同时圆顶通过它搁置在支承构件上。

　　圆顶可以通过支座环直接支承在房屋的竖向承重构件上，如砖墙、钢筋混凝土柱等；也可以支承在斜拱或斜柱上。斜拱和斜柱可以按正多边形布置，并形成相应的建筑平面。在建筑的立面处理上，通常把斜拱和斜柱显露出来，圆顶与斜拱形式协调，风格统一，这种处理是得当的，如图 7-28 所示。

2. 圆顶薄壳的内力状态

一般情况下壳面的径向和环向弯矩较小，可以忽略，壳面内力可按无弯矩理论计算。在轴向（旋转轴）对称荷载作用下，圆顶径向受压，环向上部受压，下部可能受压也可能受拉，这是圆顶壳面中的主要内力，如图 7-29 所示。由此可以看出，圆顶结构可以充分利用材料的强度。

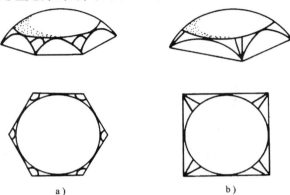

图 7-28　圆顶结构支承在斜拱上

a）六角形平面　b）方形平面

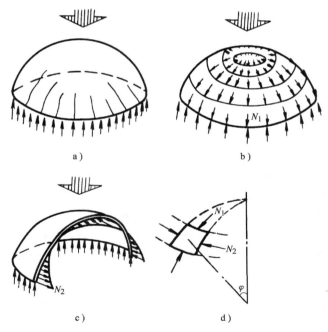

图 7-29　圆顶结构的受力分析

a）圆顶受力破坏示意　b）法向应力状态

c）环向应力状态　d）壳面单元体的主要内力

支座环对圆顶壳面起箍的作用，所以支座环承受壳面边缘传来的推力，其截面内力主要为拉力，见图 7-30a。由于支座环对壳面边缘变形的约束作用，壳面的边缘附近产生径向的局部弯矩，见图 7-30b。为此，壳面在支座环附近可以适当增厚，并且配置双层钢筋，以承受局部弯矩。对于大跨度圆顶结构，支座环宜采用预应力钢筋混凝土。

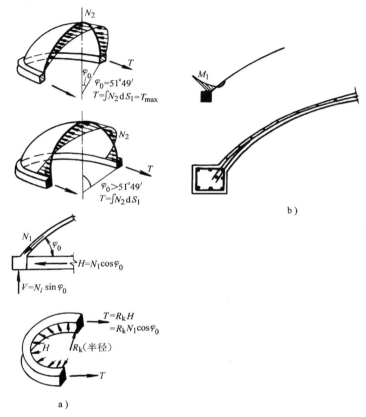

图 7-30 圆顶结构支座环的拉力及壳面边缘局部弯矩

a）支座环的拉力作用 b）壳面边缘径向弯矩及构造

我国解放后建成的第一座天文馆——北京天文馆，顶盖为半球形圆顶结构，直径 25m，厚度 6cm，混凝土采用喷射法施工，每平方米结构自重约 200kg。

7.6 双曲扁壳

1. 结构形式与特点

双曲扁壳由壳板和竖直的边缘构件（横隔构件）组成，其顶点处的矢高与其底面最小边长之比 $f/l \leqslant 1/5$，双曲扁壳一般采用抛物线平移曲面，如图7-31a所示。因为扁壳的矢高比底面尺寸小得多，所以又称微弯平板。双曲扁壳四周的横隔构件可以采用变截面或等截面的薄腹梁，拉杆拱或拱形桁架等，也可采用空腹桁架或拱形刚架。横隔在四个交接处应有可靠的连接，使它们形成整体的箍，以约束壳面的变形。同时横隔本身在其平面内应有足够的刚度，否则壳面将产生很大的内力及弯矩。

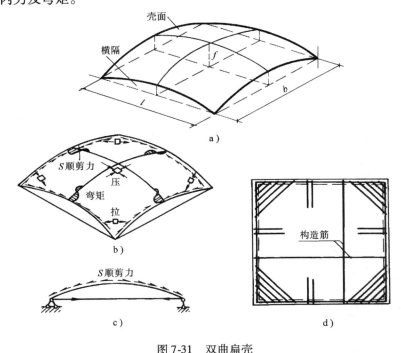

图 7-31　双曲扁壳

a）结构形式　b）壳面内力图示意　c）横隔计算简图　d）壳板配筋示意

　　双曲扁壳也可以分为单波和多波。为了减少壳体边缘处的剪应力和弯曲应力，用作顶盖的双曲扁壳不宜太扁。双向曲率不等时，较大曲率与较小曲率之比以及底面长边与短边之比均不宜超过2。

2. 受力特点

　　扁壳主要通过薄膜内力传递荷载。壳体的中部区域是轴向受压，其中的钢筋是按构造配筋设置的。横向弯矩发生在壳体边缘，为了承受弯矩应放置相应的钢筋。壳体的四角处顺剪力很大，导致该区主应力很大，需配置45°斜筋承受主拉应力。壳体的四边顺剪力很大，横隔上的主要荷载是由壳边传来的顺剪力，横隔计算与长壳类似，见图7-31。

扁壳受力合理，经济指标较好。如 20m×40m 屋盖按计算壳厚仅需 3cm。双曲扁壳可以复盖很大的跨度，当跨度超过 30m 时，采用双曲扁壳是合理的。

3. 双曲扁壳工程实例

双曲扁壳的特点是矢高小，受力性能和经济效果较好，建筑造型比较美观。下面举几个工程实例。

【例 7-1】 北京火车站

北京火车站的中央大厅和检票口的通廊屋顶共用了六个扁壳。设计者把新结构与中国古典建筑形式结合，获得了很好的效果。立面统一协调，造型丰富，见图 7-32。中央大厅屋顶采用方形双曲扁壳，平面尺寸为 35m×35m，矢高 7m，壳板厚 8cm。大厅宽敞明朗，朴素大方，是一个成功的建筑实例。检票口通廊屋顶的五个扁壳，中间的平面尺寸为 21.5m×21.5m，两侧的四个尺寸为 16.5m×16.5m，矢高 3.3m，壳板厚 6cm，边缘构件为两铰拱，四面采光，使整个通廊显得宽敞明亮，取得了较好的建筑效果。

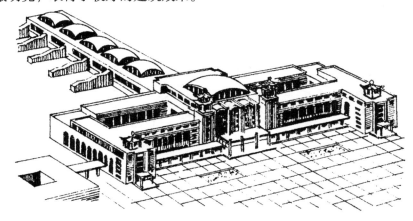

图 7-32 【例 7-1】北京火车站屋盖

7.7 双曲抛物面壳

1. 结构形式与特点

（1）壳体的稳定性好　因壳面下凹的方向如同受拉的索网，而上凸的方向又如同薄拱，见图 7-33。这样，如果一个方向产生压曲时，另一个方向的拉应力就会增大，因而提高了壳体的稳定性，可以避免发生压曲现象，所以壳板可以做得很薄。

（2）双曲抛物面也是直纹曲面，因此壳面的配筋和模板制作都较简便。

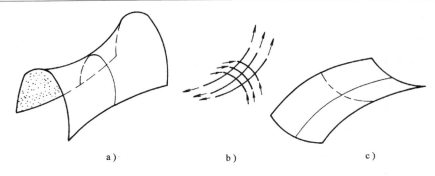

图 7-33　双曲抛物面壳

（3）工程上常用的扭壳是从双曲抛物面中沿直纹方向切取的一部分。扭壳可以用单块作屋盖，也可以结合成多种组合型扭壳，能较灵活地适应建筑功能和造型的需要，如图 7-34 所示。这种壳体形式新颖，既可进行多种组合又是直纹曲面，因此深受欢迎，应用甚为广泛。

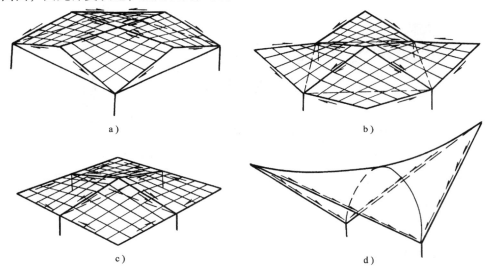

图 7-34　扭壳

a）四边形四角支承　b）折线边四点支承　c）四边形四边中点支承　d）菱形两点支承

2. 受力特点

双曲抛物面壳体一般均按无弯矩理论计算。这种结构在竖向均布荷载作用下，曲面内不产生法向力，仅存在顺剪力 S。剪力 S 产生主拉或主压应力，作用在与剪力成 45°角的截面上如图 7-35 所示。整个壳面可以想像为一系列拉索与受压拱正交而组成的曲面。

在壳板与边缘构件邻接的区段中，由于壳板与边缘构件的整体作用，产生局部弯矩 M。

一般壳板中的内力都很小，壳板厚度往往不是由强度计算决定，而是由稳定及施工条件决定的。

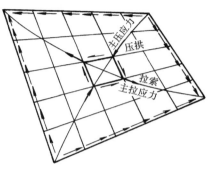

扭壳的四周应设有直杆作边缘构件，它承受壳板传来的剪力 S。如果屋顶为单个扭壳，并直接支承在 A 和 B 两个基础上，剪力 S 将通过边缘构件以合力 R 的方式传至基础。R 的水平分力 H 对基础产生推移，如果地基不足以抵抗，则应在两基础之间设置拉杆，以保证壳体体形不变，

图 7-35　双曲抛物面壳按无弯矩理论的受力分析

如图 7-36 所示。当屋盖为四块扭壳组合的四坡顶时，扭壳的边缘构件又是四周横隔桁架上弦，上弦受压下弦受拉，如图 7-37 所示。

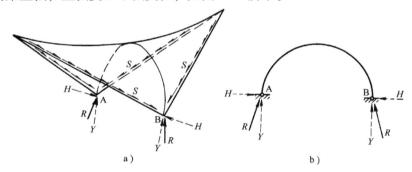

图 7-36　单个扭壳力的传递

a）顺剪力沿侧边构件的传递　b）推力分析

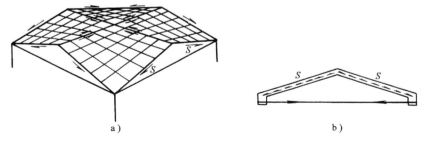

图 7-37　组合扭壳力的传递

a）壳板的传力路线　b）边缘构造传力路线

3. 双曲抛物面薄壳屋盖实例

【例7-2】 组合型双曲抛物面扭壳屋盖，见图7-38。

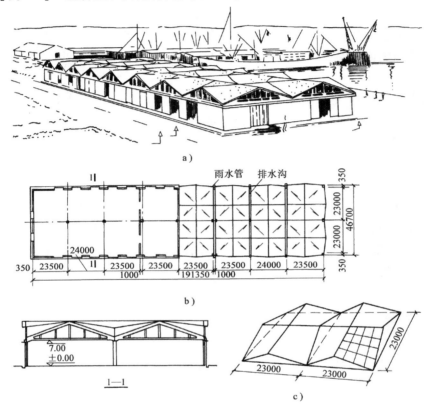

图7-38 【例7-2】组合型扭壳屋盖

a）透视图 b）平面 c）扭壳几何图形

大连海港转运仓库，1971年建成。该建筑在功能上需要满足机械装卸作业对柱距和净空的要求，在建筑造型上，由于地处海港之滨，需要适当注意美观。根据这些要求，并考虑到施工的简便，决定采用四块组合型双曲抛物面扭壳屋盖。

仓库柱距为23m×23.5m（24m）。每个扭壳的平面尺寸为23m×23m，共16块组合型扭壳。壳厚为6cm。边缘构件为人字形拉杆拱。壳面及边拱均为现浇钢筋混凝土结构，混凝土强度等级为C30。预制装配式钢筋混凝土柱子，断面尺寸为70cm×70cm，柱顶标高7m。

钢材用量为18.12kg/m²，混凝土折算平均厚度为12.32cm/m²。

7.8　幕结构

幕结构可以说是由双曲壳和折板演变而形成的一种结构形式。它由整体联系的三角形或梯形薄板组成，见图 7-39。

图 7-39　幕结构的形式

由于幕板双向曲折连续，因而具有双曲薄壳的性能。它是一种受力较好，施工较方便的壳体结构之一。幕结构可以是单跨的，也可以是两个方向多跨连续的。

建筑上的屋盖和楼盖常采用幕结构代替肋梁结构。它可以节省钢材和水泥，见表 7-2。它的空间效果较好，在建筑上也是较好的一种结构形式。有时幕结构用作地下室的顶盖或倒置后作为结构的基础，也可获得较好的经济效果。幕结构的缺点是模板较费，因为每块模板或者是三角形的，或者是梯形的，模板的制作比较复杂，用料也较多。作为屋盖在低凹处积雪容易造成漏水。当然可以用轻质材料填平凹处做成平顶以利排水，但这样就会增加材料用量。

表 7-2　幕结构与肋梁结构经济指标分析

	单独式结构					连续式结构				
	建筑面积/m²	混凝土/m³	钢筋/kg	平均厚度/(cm/m²)	钢筋用量/(kg/m²)	建筑面积/m²	混凝土/m³	钢筋/kg	平均厚度/(cm/m²)	钢筋用量/(kg/m²)
幕结构	223.22	35.08	3367.29	15.72	15.08	100	9.05	886.4	9.05	8.86
肋梁结构	223.22	44.60	6281.51	19.98	28.14	100	14.44	1392.6	14.44	13.92
节约(%)				21.32	46.41				37.3	36.3

1. 结构形式及尺寸

幕结构的形式基本上可以分为两种：

第一种：幕顶支承在有柱帽的柱上，柱帽之间有水平板相互连接。柱帽宽度为 $(0.1 \sim 0.2)l$，l 为跨度。跨度或荷载较大时，在幕角的下边与柱之间做支托，以减少幕角应力，见图 7-40a。

第二种：幕顶直接支承在无柱帽的柱上，柱之间有肋形边梁，见图 7-40b。这种形式适用于荷载、跨度较小的情况下。

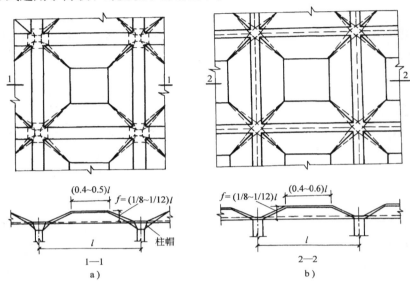

$f = (1/8 \sim 1/12)l$

$(0.4 \sim 0.5)l$

柱帽

$1—1$

a）

$f = (1/8 \sim 1/12)l$

$(0.4 \sim 0.6)l$

$2—2$

b）

图 7-40　幕结构的支承方式

a）有水平板及柱帽的幕结构　b）无水平板及柱帽的幕结构

对方形柱网，柱距为 $8 \sim 10$m 时，做幕结构屋盖是比较合理的。矢高 f 一般取 $(1/8 \sim 1/12)$ l。组成幕结构的板，其最大宽度、厚度、倾角与折板结构的要求相同，由于幕结构比折板结构的空间工作性能更好，所以板宽可以适当放大。

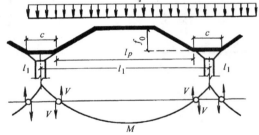

2. 受力特点

（1）中间水平板或肋梁的配筋计算　根据试验结果分析，由于

图 7-41　幕结构的计算简图与受力分析

各个幕间相连的幕角刚度很小，多跨的幕结构不考虑其连续性，仍按单个空间结构考虑，在两个方向分别当作梁计算，计算简图如图 7-41 所示。弯矩和所需受拉钢筋的截面面积按下式计算：

$$M_1 = \frac{ql_2(l_1 - b_1)^2}{8}$$

$$M_2 = \frac{ql_1(l_2 - b_2)^2}{8}$$

式中　　b——下部水平板宽度与相应方向柱帽宽度的平均值。

$$A_g = \frac{M}{f_0 R_g}$$

式中　　M——所求得的弯矩设计值；

　　　　A_g——下部水平板或肋梁内所需的受拉钢筋截面面积；

　　　　f_0——上下水平板之间的中距；

　　　　R_g——钢筋的抗拉强度设计值。

（2）折板计算　折板可按多跨连续板计算，上面水平板双向受力，其余板单向受力。

（3）幕角计算　幕角计算是考虑柱帽与幕角连接处的承压强度。

7.9　曲面的切割、组合与工程实例

曲面的切割与组合，是设计好曲面结构的重要手段。常用的几种曲面形式已在前面介绍。然而在实际工程中的建筑造型是各式各样的，这就是对曲面进行切割与组合的结果。通过曲面的切割与组合，几乎可以满足任意的平面形式和各种奇特新颖的建筑造型要求。这就是设计工作者对曲面结构发生兴趣的重要原因之一。在进行切割与组合时，除了满足平面和造型要求外，还要遵守画法几何的科学法则，这样才会对设计制图和施工制造带来很大的方便。现举几个工程实例，供大家借鉴。

【例 7-3】　美国圣路易航空港候机室，见图 7-42。

a)

图 7-42　【例 7-3】美国圣路易航空港候机室

a）鸟瞰图

b)

c)

图7-42 【例7-3】美国圣路易航空港候机室（续一）

b）室外透视 c）室内透视

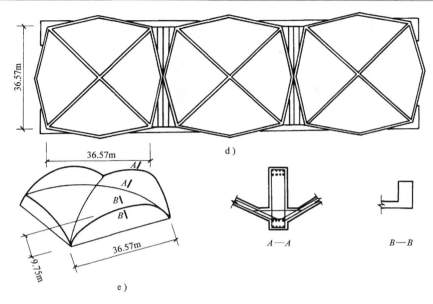

图 7-42 【例 7-3】美国圣路易航空港候机室（续二）

d）壳体组合顶视 e）两圆柱壳正交几何图

该建筑由三组壳体组成，每组由两个圆柱形曲面正交构成。建筑平面为四边形，而每组壳面切割成八角形的覆盖平面，丰富了建筑造型。两个柱形曲线交线为十字形交叉拱，它加强了壳体并将荷载传至支座。支座为铰节点。拱的断面凸出壳面，使室内形成光滑简洁的曲面。壳体的边缘有加劲肋，向上卷起。壳体为现浇钢筋混凝土结构，厚 11.5cm，边缘局部加厚。

三组壳体的相交处为采光带，屋顶覆盖铜板面层。

【例 7-4】 墨西哥霍奇米洛科的餐厅，见图 7-43。

该建筑 1957 年设计，建于墨西哥首都附近花田市的游览中心，是墨西哥著名工程师坎迪拉（Felix. Candela）设计的。

该建筑由四个双曲抛物面薄壳交叉组成。在交叉部位，壳面加厚，形成四条有力的拱肋，直接支承在八个基础上。壳厚 4cm。两对点的距离约 42.5m。建筑平面为 30m×30m 的正方形。壳体的外围八个立面是斜切的。整个建筑犹如一朵覆地的莲花，构思独到，造型别致，丰富了环境景观，成为该地区的标志性建筑。

该建筑的室内采光、通风、声响效果也比较成功。

【例 7-5】 美国麻省理工学院礼堂，见图 7-44。

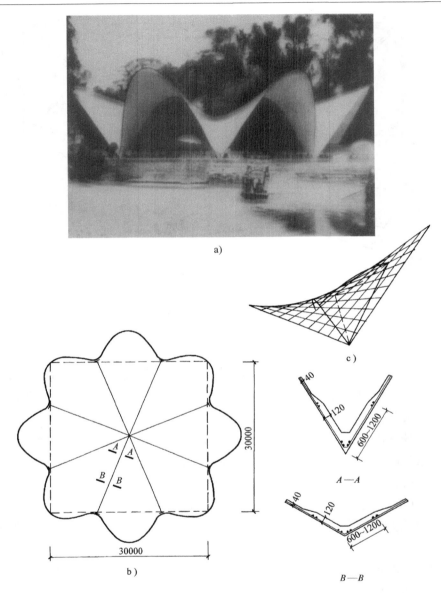

图 7-43 【例 7-4】墨西哥霍奇米洛科的薄壳餐厅

a) 立面　b) 平面　c) 几何形体

设计人沙里宁，1955 年设计。礼堂可容纳 1200 人，另外还有一个可以容纳 200 听众的小讲堂。

屋顶为球面薄壳，三脚落地。薄壳曲面由 1/8 球面构成，这 1/8 球面是由三个与水平面夹角相等的通过球心的大圆从球面上切割出来的。球的半径为 34m。薄壳平面形状为 48m×41.5m 的曲边三角形。薄壳的三个边为向上卷起的边梁，并通过它将壳面荷载传至三个支座。支座为铰接。壳面的边缘处厚度为 9.4cm。

　　屋顶表面用铜板覆盖。

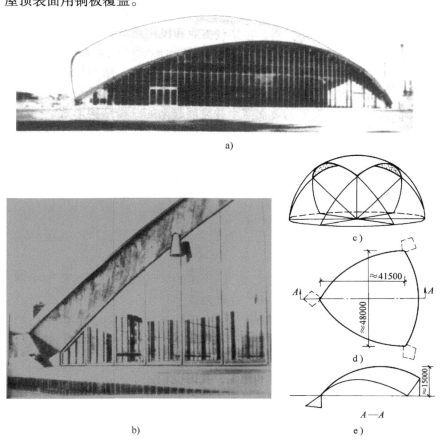

图 7-44　【例 7-5】美国麻省理工学院礼堂

a）立面图　b）脚点处理　c）屋盖形状　d）平面图形　e）剖面图形

第 8 章

悬索屋盖结构

8.1 概述

由于生产和使用的需要，在某些工业和民用建筑中，要求房屋的跨度越来越大，采用一般的建筑材料和结构形式已经很难达到这一要求，或者即使可以达到要求，但其材料用量很大，结构复杂，施工困难，造价很高，造成极不合理的现象。悬索屋盖结构就是为了解决这一问题，适应大跨度需要而产生并发展起来的一种结构形式。

悬索结构的主要承重构件是受拉的钢索，钢索是用高强度钢绞线或钢丝绳制成。

悬索结构的自重轻，用钢量省。它能跨越很大的跨度，而不需要中间支承，是比较理想的大跨度结构形式之一，近年来发展很快。

大跨度悬索结构在桥梁工程中的应用，历史悠久。我国早在公元五世纪就已建造铁链桥。大渡河上的沪定桥，其跨度为 104m，是非常有名的铁索桥。一千多年来，我国人民在悬索桥梁的施工、锚固基础的构造等方面积累了丰富的经验。

悬索屋盖结构的发展开始于十九世纪末。近几十年来，由于世界各国不断地进行研究，使其应用领域更为广泛，建筑形式丰富多彩。

悬索屋盖结构主要用于跨度在 60～100m 左右的体育馆、会议厅、展览馆等公共建筑中。近年来，也在工业厂房的屋盖中采用。目前，悬索屋盖结构的跨度已达 160m。

对于悬索屋盖结构的设计和施工，我国也积累了自己的经验。北京工人体育馆的悬索屋盖，建筑平面为圆形，直径 94m。浙江人民体育馆为鞍形悬索屋盖，建筑平面为椭圆形，长轴 80m，短轴 60m，见图 8-1。

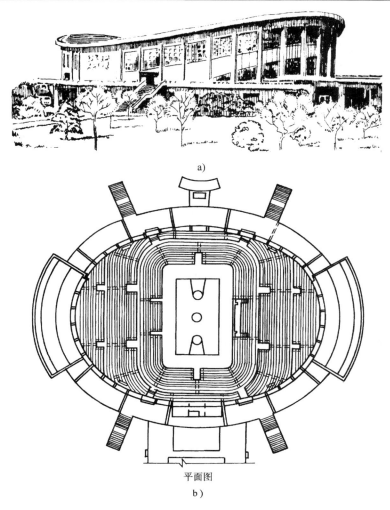

a)

平面图

b)

图 8-1　浙江人民体育馆

a）透视图　b）平面图

8.2　悬索结构的受力特点

前面已经讲过，轴心受力构件可以充分利用结构材料的强度。拱属于轴心受压构件，因此对于抗压性能较好的砖、石和混凝土来讲，拱是一种合理的结构形式。悬索是轴心受拉构件，所以对受拉性能好的钢材来讲，它就是一种理想的结构形式。

悬索结构一般包括三个组成部分：①索网；②边缘构件；③下部支承结构，

如图 8-2 所示。

悬索也是一种有推力的结构，与拱有类似之处，现以图 8-2 所示的单曲单层悬索结构为例，近似分析如下。

1. 索网的受力分析

索网的计算简图如图 8-3a 所示。假定边梁是索的不动铰支座，索网下垂度为 y，计算跨度为 l。

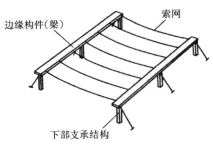

图 8-2 悬索结构的组成部分

1）索网是一个中心受拉构件，既无弯矩也无剪力。由于索本身是一个非常柔软的构件，其抗弯刚度可以完全忽略不计，而且它的形状随荷载性质的不同而改变。当索没有外加荷载仅有自重作用时，它处于自然悬挂状态。当索受集中力 p 的作用时，它便会立即自动形成悬吊折线形，吊着重力 p 而保持平衡状态，如图 8-3d 所示。因此，可以假定索是绝对柔性的，任一截面均不能承受弯矩，而只承受拉力。

2）索的支座反力，如图 8-3b 所示，在沿跨度方向分布的均布荷载 q 作用下，根据力的平衡法则，$\sum N_y = 0$，支座的竖向反力为

$$R_A = R_B = \frac{1}{2}ql$$

因为索任一截面的弯矩均为零，以跨中截面为矩心，则有：

$$\frac{1}{8}ql^2 - Hy = 0$$

$$H = \frac{M^0}{y} \quad 或 \quad y = \frac{M^0}{H}$$

式中，$M^0 = \frac{1}{8}ql^2$（即与悬索跨度相同的简支梁的跨中弯矩）

水平力 H 的方向是向外的（拉力）。H 值的大小与索的下垂度 y 成反比。当荷载及跨度一定时（即 M^0 一定时），y 越小 H 越

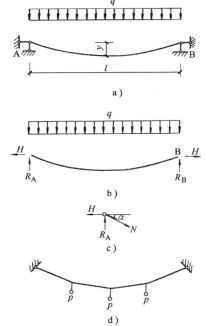

图 8-3 悬索的力学原理分析

a）悬索计算简图 b）悬索支座反力
c）悬索隔离体图 d）多点受力悬索

大。因此找出合理的垂度，处理好水平力的传递和平衡结构是设计中要解决的重要问题。

悬索的下垂度 y 是 M^0 和 H 的函数，根据此关系式便可确定悬索的合理轴线。当悬索的荷载为沿水平方向分布的均布荷载时，其合理轴线为抛物线。当为集中力作用时，其合理的轴线为折线。所以，悬索的合理轴线的形状是随荷载的作用方式而变化的，并与其相应简支梁的弯矩图形相似。

3）索的拉力 N，根据图 8-3c 知：$\sum N_x = 0$，可得出：

$$N\cos\alpha = H \quad 所以\ N = \frac{H}{\cos\alpha}$$

如已知水平力 H 及悬索各点的倾角 α（可由悬索轴线的曲线方程求得），便可求出悬索各截面的拉力 N。

2. 边缘构件的内力分析

悬索的边缘构件是索网的支座，索网锚固在边缘构件上。随着建筑平面和悬索屋盖类型的不同，边缘构件可以采用梁（一般为多跨连续梁）、桁架、环梁和拱等结构形式。它承受悬索在支座处的拉力 N。由于拉力一般都较大，所以它的断面尺寸也常常很大。图 8-2 悬索边缘构件的计算简图是两跨的连续梁，它在悬索支座处拉力 N 的作用下，分别在水平和垂直方向受弯。

3. 柱子是受压构件

锚拉绳是受拉构件，其锚固基础也是设计中要解决的重要问题。

根据以上分析我们可以知道悬索屋盖结构具有下列特点：

1）索网只受轴向拉力，既无弯矩也无剪力。

2）悬索的边缘构件必须具有一定的刚度和合理的形式，以承受索网的拉力。

3）悬索只能单向受力，承受与其垂度方向一致的作用力。

8.3　悬索屋盖的类型

悬索结构按其表面形式的不同，可以分为单曲面与双曲面两类。其中每一类又可按索的布置方式区分为单层悬索与双层悬索两种体系。而在双曲面悬索结构中还有一种交叉索网体系。

1. 单曲面悬索结构

（1）单曲面单层拉索体系　它是由许多平行的单根拉索构成的，其表面呈圆筒形凹面，见图 8-4。拉索两端的支点可以是等高的，也可以是不等高的。这种悬索结构可以做成单跨的，也可以做成多跨的。它的构造简单，但是屋面稳定性差，抗风（向上吸力）能力小。其支承及锚固结构可以是柱、牵缆或框架等。为了保持屋面的稳定性，这种体系必须采用重屋盖（一般为装配式钢筋混凝土屋面板）。在大跨度结构中为了限制屋面裂缝开展并防止过大的变形，往往对屋面板施加预应力，使屋面最后形成整体的壳体。

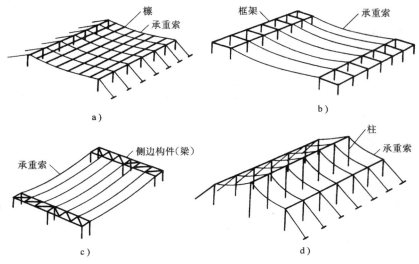

图 8-4　单曲单层拉索体系

拉索中的拉力取决于跨中的垂度，垂度越小拉力越大。垂度一般取跨度的 1/50 ~ 1/20。

（2）单曲面双层拉索体系　它是由许多片平行的索网组成。每片索网均由曲率相反的承重索和稳定索构成，见图 8-5。承重索与稳定索之间用圆钢或拉索联系，其形状如同屋架的斜腹杆，因此也称之为拉索桁架（Cable Truss）。这种

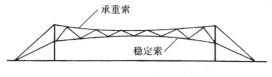

图 8-5　单曲双层拉索体系

悬索结构的主要特点是可以通过斜系杆对上下索施加预应力，大大提高了整个屋盖的刚度。一般采用轻屋面，以减轻屋面重量，节约材料，降低造价。同时在动荷载的作用下（包括风振），这种屋盖具有较好的抗振性能。

拉索的垂度（对下索称拱度）值对上索可取跨度的 1/17 ~ 1/20，下索则取 1/20 ~ 1/25。

单曲面单层或双层拉索体系适用于矩形建筑平面，多为单跨建筑，也曾用于

多跨建筑。

2. 双曲面悬索结构

（1）双曲面单层拉索体系　它常用于圆形建筑平面，拉索按辐射状布置，使屋面形成一个旋转曲面，拉索的一端锚固在受压的外环梁上，另一端锚固在中心的受拉环上或立柱上，后者一般称伞形悬索结构，见图8-6。

在均布荷载作用下，圆形平面的全部拉索内力相等，内力的大小也是随垂度的减小而增大。

拉索的垂度与平行的单层拉索体系取值相同。

这种悬索体系必须采用钢筋混凝土重屋盖，并施加预应力，最后形成一个旋转面壳体。

辐射状布置的单层悬索结构也可以用于椭圆形建筑平面，但其缺点是在均布荷载作用下拉索内力都不相同，从而在受压圈梁中引起较大的弯矩，因此很少采用。

（2）双曲面双层拉索体系　它由承重索和稳定索构成，主要用于圆形建筑平面。拉索按辐射状布置，一般在中心设置受拉环，见图8-7。

屋面可为上凸、下凹或交叉形，其边缘构件可根据拉索的布置方式设置一道或两道受压环梁。由于有稳定索，因而屋面刚度较大，抗风和抗震性能好，可以采用轻屋面。在圆形平面的建筑中，这种悬索结构得到广泛的应用。

（3）双曲面交叉索网体系　它由两组曲率相反的拉索交叉组成，其中下凹的一组为承重索，上凸的为稳定索。通

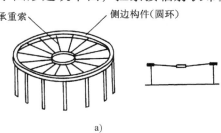

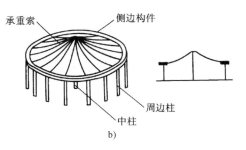

图 8-6　双曲面单层拉索体系

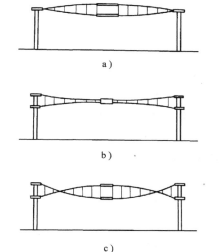

图 8-7　双曲面双层拉索体系

常对稳定索施加预应力，使承重索张紧，以增强屋面刚度。

交叉索网形成的曲面为双曲抛物面，一般称之为鞍形悬索，见图8-8。

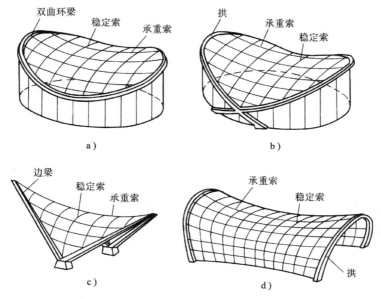

图 8-8　双曲面交叉索网体系（鞍形索）

为了支承索网，鞍形悬索的边缘构件可以根据不同的平面形状和建筑造型的需要采用双曲环梁和斜向边拱等形式。

鞍形悬索屋面刚度大，可以采用轻屋面，屋面排水也容易处理。它适用于各种形状的建筑平面，如圆形、椭圆形、菱形等。外形富于起伏变化，因而近年来在国外应用最为广泛。

3. 悬索结构的优点

悬索结构是大跨度建筑中较好的结构形式。它的跨度越大经济效果越好，一般用于跨度在 60m 以上的建筑。其优点如下：

（1）受力合理，节约材料　它利用高强度钢索承受拉力，利用钢筋混凝土边缘构件受压或受弯，这样受力合理，可以充分利用材料的力学性能，因而大大减少了结构的材料用量并减轻了屋盖自重。一般较钢结构节省钢材约 50%。

英国巴特勒＊对悬索结构的用钢量做过统计，他对 1972 年以前世界上已建成的近二十个工程的用钢量与其跨度的关系作了分析，如图 8-9 所示。从图中可以看出，悬索结构的用钢量大体上随跨度线性增加。跨度在 150m 以下时，屋面每 m^2 钢索的用钢量一般都在 10kg 以下。各种悬索结构中又以拉索桁架用钢量最省。

巴特勒根据分析认为：跨度在 100～150m 范围内，悬索结构是非常经济的，并且从现有数据推断，直到 300m 或者更大的跨度，悬索结构仍然可以做到经济合理。

当然，另一方面也必须指出，支承悬索的边缘构件一般都采用钢筋混凝土结构，它的材料用量较多，用钢量要大于钢索部分。

（2）能跨越很大的跨度而不需中间支承，从而形成很大的建筑空间。同时，悬索结构利于建筑造型，适于建造多种多样的平面和外形轮廓，因而能充分自由地满足各种建筑形

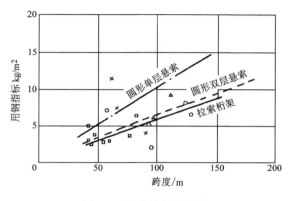

图 8-9　悬索结构用钢量

○圆形单层索　△交叉索网　□拉索桁架　×圆形双层索

式的要求，这也是建筑师乐于采用悬索结构的重要原因。当然，设计时还应考虑经济效果。从受力性能来讲，圆形平面较其他形式的平面更为有利，因而经济效果也最好。

（3）施工方便，速度较快　由于悬索自重很轻，屋面可以采用轻质材料，这样就不需要重型起重设备便可进行安装，从而降低施工设备的投资。同时，钢索架设后就可以在它上面进行屋面施工，不必另外搭脚手架，有利于缩短施工周期，降低工程造价。

（4）可以创造具有良好物理性能的建筑物　例如双曲下凹碟形悬索屋盖具有很好的声响效果，因而可以用于对声学要求较高的公共建筑。

在大跨度建筑中，悬索结构虽然具有突出的优点，但它必须采用高强度钢材——钢绞线或钢丝绳，因此，在材料缺乏的情况下，它的应用会受到限制。

8.4　悬索屋盖的结构布置

本节通过我国两个工程实例，简要介绍两种悬索结构布置和设计中考虑的主要问题。

1. 北京工人体育馆屋盖——圆形悬索结构（见图 8-10）

北京工人体育馆建筑平面为圆形，能容纳一万五千名观众。比赛大厅直径

94m，外围为 7.5m 宽的环形框架结构，共四层，为休息廊和附属用房。大厅屋盖采用圆形双层悬索结构，由索网、边缘构件（外环）和内环三部分组成，各部分的作用及布置情况叙述如下。

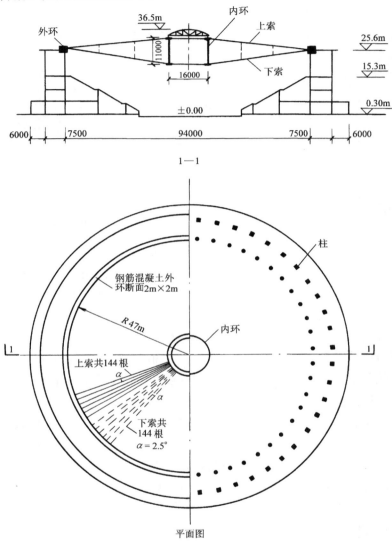

图 8-10 北京工人体育馆平剖面

（1）悬索 悬索沿径向辐射状布置，索网分上索与下索两层；上索直接承受屋面荷重，并作为稳定索。它通过中央系环（内环）将荷载传给下索，并使上下索同时张紧，以增强屋盖刚度。下索为承重索，将整个屋盖悬挂起来。上下索各为 144 根，其断面大小由各自承受的拉力确定。为了便于悬索在外环上锚固，并避免由于上下索相交在同一截面对外环削弱过多，因而上下索在平面内各错开半个间隔（即相邻索的间距）布置。悬索根数的确定考虑了下面几个问题：

1）尽量减少屋面檩条的跨度以减轻屋面构件的重量。

2）索的数量较多时，每根索承受的拉力小，便于在上索预加应力。同时，索的间距较小，可以减少内外环的弯矩值，使内环主要受拉，外环主要受压，从而减少内外环的材料用量。但是，索的数量也不能过多，否则会增加索的制作、安装、锚固等工作量。由于索的锚固构造要求，当索的数量过多时内环尺寸也要增大。本工程比较了采用 48、96 和 144 根索三种方案（环向柱的轴线 48 根），最后确定采用 144 根。这样索的间距在内环处为 35cm，外环处为 205cm。

钢索采用钢绞线制成。

（2）边缘构件——外环，如图 8-11 所示。

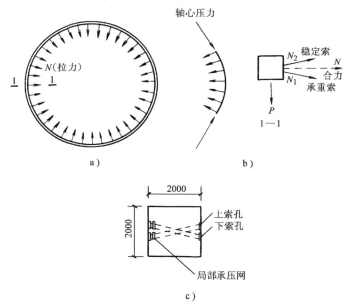

图 8-11　悬索屋盖的边缘构件——外环
a）外环受力平面　b）外环受力示意图　c）外环索孔示意图

外环为钢筋混凝土环梁，截面尺寸为 2m×2m，支承在外廊框架的内柱上。框架柱为圆形截面的钢筋混凝土柱，共 48 根。圆形环梁承受悬索的拉力，如图 8-11a、b 所示。稳定索拉力为 N_2，承重索的拉力为 N_1，两力合成为一径向水平力 N 和垂直力 p。N 使环梁产生环向轴心压力，p 作用于框架柱上。

（3）内环　即中央系环，如图8-12所示。

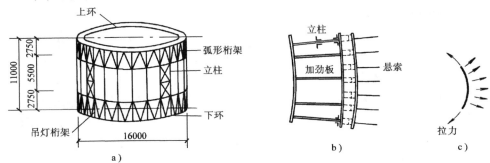

图 8-12　悬索屋盖的边缘构件—内环

a）内环　b）悬索与内环连接示意　c）内环受力示意图

内环呈圆筒形，主要为连接悬索用。由上下环及 24 根工形组合断面立柱组成。直径 16m，高度 11m。内环主要承受环向拉力。因拉力较大，所以上环和下环均采用环形钢板梁。

结构的钢材用量分析见表 8-1。从表中可以看出，其中内环占的比例很大。

表 8-1　悬索屋盖各部件用钢量分析

部　　件	索、内环	外环	总用量
用钢量/t	296	84	380
每平米用量/（kg/m²）	42.3	12	54.3
质量分数	78%	22%	100%

8.5　悬索屋盖的刚度及屋面构造

1. 屋盖的刚度和稳定问题

前面已经提到，因为悬索是悬挂的柔性索网，所以结构的刚度及稳定性较差。

模型试验表明，在水平风力作用下，屋面主要产生吸力，图 8-13 为某游泳池屋盖的风压分布图，吸力主要分布在向风面的屋盖部分。局部风吸力可能达到风压的 1.6～1.9 倍，因而对比较柔软的悬索结构屋盖有被掀起的危险。屋面还可能在风力、动荷载或不对称荷载的作用下产生很大的变形和波动，以致屋面被撕裂而失去防水功能；也可能因风力或地震力的动力作用而产生共振现象，使结构遭到破坏。对于其他的结构形式，由于自重较大，在一般外荷载作用下，避免了产生共振的可能。但是，悬索结构却有由于共振而破坏的实例，例如 1940 年 11 月美国的塔考姆大桥，跨长 840m，在结构应力远远没有达到设计强度的情况下，由于弱风作用产生共振而破坏。因此对悬索的共振问题必须予以重视。保证悬索结构屋盖的稳定和刚度，一般可采用下列办法：

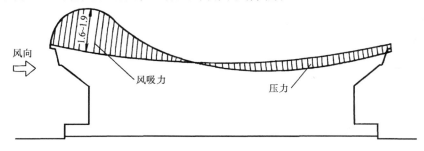

图 8-13　某游泳池屋盖风压分布图

（1）选择合理的结构形式　例如采用双曲悬索结构，它的刚度及稳定性都较好。

（2）对悬索施加预应力　这种方法较合理，如图 8-14a 所示的鞍形屋盖，对其上凸的稳定索施加预应力，使索张紧并处于受拉状态。这样，与其交叉连接在一起的承重索也因而受到拉力作用而被张紧。这种方法相当于增加了屋面自重。当风力作用时，屋面上产生的吸力便可由稳定索承受。在不对称荷载作用下，由于屋面结构有较好的刚性，不至于产生很大的变形。浙江省人民体育馆的悬索屋盖结构就是采用预应力方法的实例。

对于圆形双层屋盖，在对上索预加应力时，它就有一个垂直分力通过内环向下传递，使下索同时张紧，如图 8-14b 所示。这样便减少了屋盖的竖向变位，也增加了屋面的刚度。

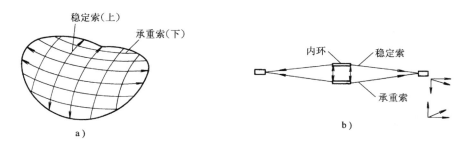

图 8-14　悬索预应力的示意图
a）鞍形交叉索网　b）圆形双层索网

（3）悬挂薄壳法　这种方法用于刚性屋面。它是在铺好的屋面板上面加临时荷载，使承重索产生预应力。这时屋面板之间缝隙增大，用水泥砂浆灌缝，待砂浆达到强度后，卸去临时荷载，于是屋面回弹，屋面板便受到一个挤紧的预压力，使屋面构成一个整体的弹性悬挂薄壳，见图8-15。这种薄壳有很大的刚性，能很好地承受风的吸力和不对称荷载的作用。其缺点是屋面自重大。施加和卸除临时荷载需要大量材料和劳动力，施工不方便。

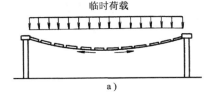
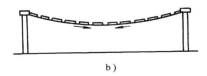

图 8-15　临时荷载法使屋面板产生预压力

a）加载时板缝加宽　b）卸载后屋面板挤紧

2. 屋面材料及构造要求

为了保证屋面不被风掀起和结构的稳定性，屋面构造应使屋盖自重具有 1.1 ~ 1.3 倍的重量安全度，即

$$n = \frac{屋盖自重}{风吸力} = 1.1 \sim 1.3$$

其中，风的吸力根据相应规范确定。

这一要求对于一般轻型屋面也是能够达到的。悬索结构的最大特点是自重轻，因此在保证结构稳定、屋面刚度和抗风等要求的前提下，应该尽量采用轻质屋面材料，才能更好地显示其优越性，一般可用白铁皮、木板、钢丝网水泥板、轻混凝土等材料。普通混凝土自重太大，很不经济，不宜采用。图 8-16a 为浙江省人民体育馆的屋面及吊顶做法。当采用钢筋混凝土屋面板时，屋面板与钢索的构造做法见图 8-16b、c。承重索与稳定索在交叉点处应该夹紧，常用的构造做法如图 8-16d 所示。

3. 屋面排水问题

有些悬索结构的表面是凹形的曲面，中间低，因此屋面排水便成为一个不可忽视的问题。积水会造成屋面重量增加，漏水将影响使用，因此在考虑悬索屋盖形式时，应解决好排水问题。

对于双曲鞍形屋面，水可往两侧排，见图 8-17a。

对于中心低四周高的碟式屋面（见图 8-17b），可采用中心内部排水法，排水系统与室内设计同时考虑。

对于单曲筒式屋面可以在纵向形成排水坡度，见图 8-17c。

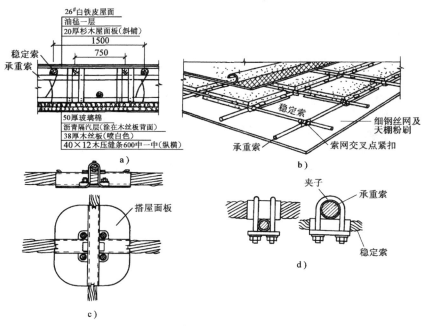

图 8-16　悬索屋盖构造图

a）浙江省人民体育馆屋面及吊顶做法

b）、c）屋面板与索网连接　d）承重索与稳定索连接

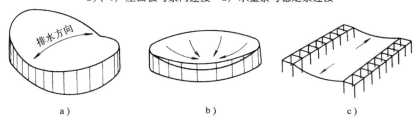

图 8-17　悬索屋盖的排水

8.6　悬索结构实例

下面介绍两个国外工程实例供借鉴。

【例 8-1】　原西德乌柏特市游泳馆，见图 8-18。

该建筑兴建于 1956 年，可容纳观众 2000 人，比赛大厅面积为 65m×40m。

根据两端看台形式，屋盖设计成纵向单曲单层悬索结构，跨度为 65m。这种屋盖形式不仅较好地适应了建筑内部平面布置，而且外形也比较美观。

大厅看台建在斜梁上，斜梁间距 3.8m，它一直通到游泳池底部，同时托着游泳池。结构对称布置。屋盖索网的拉力经由边梁传给斜梁，再传到游泳池底部，成对地取得平衡，因此地基只承受压力，如图 8-18c 所示。斜梁下的立柱，在屋面荷载的作用下是拉杆。结构的总体布置是非常合理的。

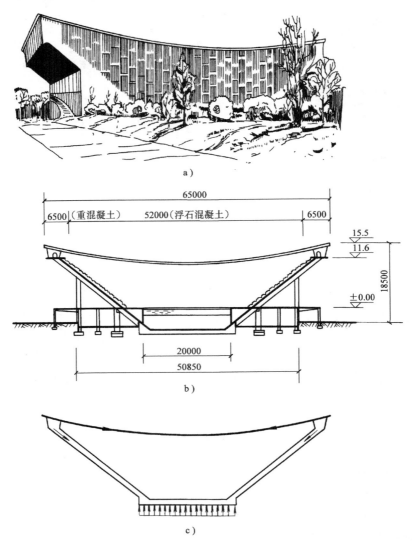

a）

b）

c）

图 8-18 【例 8-1】原西德乌柏特市游泳馆

a）立面图　b）剖面图　c）受力示意图

两端头边梁形式呈板状结构，宽 6.5m，内侧厚 18cm，外侧厚 25cm。两侧边梁断面为 40cm×50cm，与边梁相连的屋面板在 1.25m 范围内厚度是变化的。两侧边梁呈抛物线形，用 1.8m 间距的钢筋混凝土立柱作支点。立柱又被作窗框用。屋盖四周的边梁是用普通混凝土浇筑的，其他部分均由轻混凝土做成，它的厚度两端为 18cm，中间为 6cm。悬挂屋面板上面铺设隔汽层、保温层及防水卷材。由于采用了悬挂式轻混凝土屋盖，它的自重比薄壳屋盖大约减轻 1/3，因而造价较低。

该建筑的结构形式不仅受力合理，而且结构的形体与建筑的使用空间、外观形象完全结合起来，是值得称颂的。

【例 8-2】   美国雷里（Raleigh）竞技馆，见图 8-19。

该建筑兴建于 1952 年，于 1953 年建成。它可容纳观众 5500 人。中间为 67.4m×38.7m 的椭圆形比赛场。

屋盖为双曲交叉索网体系，索网锚固在两个交叉拱上。纵向为下凹的承重索，横向为上凸的稳定索，相互张紧，形成马鞍形双曲抛物面，索网的平均网格宽度为 1.83m。

两个斜放相对的钢筋混凝土拱为槽形截面，尺寸为 4.2m×0.75m，截面中心线为抛物线形。拱顶距地面的高度为 25.6m。两个倒置的 V 形支架支承两个抛物线拱，支架的两腿与拱连接，形成两个拱的延长部分。两拱相交处距地面的高度为 7.5m。拱主要承受压力。支架基础相互间在地下用一根拉杆连接起来，使其不能分开。

支架和钢柱共同承受由拱传来的荷载。钢柱间距为 2.4m，同时兼做门窗的竖框，其间为保温玻璃。钢柱用混凝土包护，以防火灾。

a)

图 8-19 【例 8-2】美国雷里竞技馆

a）立面图

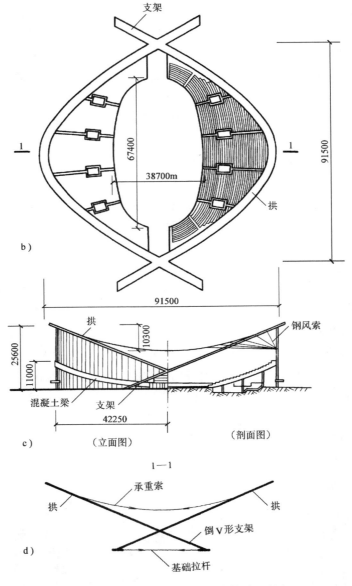

图 8-19 【例 8-2】美国雷里竞技馆（续）

b）平面图　c）剖面图　d）受力示意图

屋面采用铁皮。雨水沿空间曲面流向拱的两交叉处。

这是一座很有影响的现代建筑。建筑的设计思想新颖、明快。钢柱和支架上设置交叉钢筋混凝土压力拱，其间张拉索网，结构受力明确合理。因此，这是一座很有价值的现代建筑。

第 9 章

索膜建筑结构

9.1　概述

索膜建筑起源于远古时代人类居住生活的帐篷，它由支杆、绳索与兽皮构成。

20 世纪 70 年代以后，高强、防水、透光、抗老化且表面光洁易清洗的膜材出现；随着工程计算科学的高度发展，索膜建筑便发展到了一个新的阶段。现在已大量用于体育场馆、博览会等大量公共建筑中。

索膜建筑具有易建、易拆、易搬迁且易更新的特点，同时还能充分利用阳光和空气以及造型的奇特，与自然融为一体，给人以充分的想象，它是 21 世纪"绿色建筑"的新秀。

索膜建筑的设计过程是把建筑的使用功能、造型与结构的传力系统分析、选材与剪裁等集成为一体的结构形式。需要建筑师与结构工程师同时协调合作，借助于计算机共同完成方案与施工图的工作。因为，索膜的造型与支撑构件的设置，支件的类型，预应力的大小都相互制约，建筑结构是一个统一体，所以必须同时协调完成。

索膜建筑的施工过程一般可分为三个阶段：①在工厂完成膜材的剪裁与初始的粘合及钢构件等；②钢构件、钢索与膜面的现场安装，拼合与初始成形；③张拉定位索与顶升支撑杆，对膜面施加预应力到成形设计值。

9.2　索膜结构的分类

索膜建筑结构的分类方法很多，可简单地概括为充气式、蒙皮式及空间张力膜三个结构体系。膜面的支承方式有三种，即空气、索及骨架。充气式索膜即以空气为支承；蒙皮式索膜即以钢骨架为支承；空间张力膜不仅以索和钢架为支承而且它本身受有预张力，本身也是结构体系的一部分。空间张力膜结构体系最为丰富多彩。现分述如下。

1. 空间张力膜结构体系

空间张力膜结构体系若按其成形及支承方式，又可分为以下几种。

（1）双曲抛物面单元结构　图 9-1 为双曲抛物面单元。索膜的基本单元为正方形或棱形的膜布，膜布周边设约束边索，两对角点的高差及支撑方式由设计确定，当对四角张拉时，即可找出双曲抛物面的形体，它也可称为鞍形膜面单元。这种单元适用于小型膜篷建筑。它的造型变化灵活，幅度较

图 9-1　双曲抛物面单元

大。建筑师可利用鞍形膜单元组合成丰富多彩的建筑形体与空间。其组合与拼接方式多种多样，可以是一字形也可以为方形与环形。图 9-2 所示为德国一展览馆庭园内的膜篷建筑。它是由六个鞍形膜单元环状拼合而成的多边形膜篷，中心设环形索，单元膜高起的外角用桅杆顶起，单元膜拼接处的低节点角用钢索拉在地锚上。这是一个造型丰富的由双曲抛物面单元组合的膜篷建筑。

图 9-2　德国一展览馆庭园的膜篷

（2）类锥形悬链面单元结构　类锥形悬链面单元，是由悬链线绕中心轴围合而成的空间曲面，也称帐篷膜单元。所谓类锥形即非几何定义的锥形，类似锥形。其结构为膜中心支撑杆顶设吊环，膜布嵌固于环上，周边用定位杆和地锚索固定于地面或建筑物的环梁上。与鞍形膜相比，类锥形帐篷膜更易形成封闭空间，更易组合成群膜建筑，见图 9-3。支撑膜顶的吊环也可用室外桅杆与钢索吊起，这样室内则更易形成空旷的大空间。

索膜建筑与传统刚性建筑相比易变形，在风力作用下会出现颤动，因此膜顶吊环应设计成允许位移的构件。

图9-3 类锥形悬链面单元组合群（天津洋货市场）

（3）穹顶索膜结构 穹顶索膜结构是由不连续的系列压杆与连续的系列拉索构成的整体空间结构。结构体系中拉索若无松弛，杆件则不易失稳，属于张力结构体系。穹顶结构见图9-4。它是由20世纪50年代美国建筑师富勒构筑而成的，也有人称之为富勒球结构。

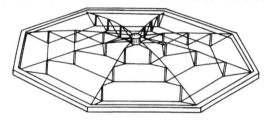

图9-4 穹顶张力结构

图9-5为美国亚特兰大奥运会主馆佐治亚穹顶。它充分地展示了索膜穹顶结构的构成。屋顶为240m×192m的椭圆形，是世界上同类索膜结构中最大的。它由涂有聚四氟乙烯的玻璃纤维膜覆盖。屋面呈钻石状，看上去像水晶一般。

整个屋顶由7.9m宽、1.5m厚的钢筋混凝土受压环梁固定，共有52根柱支承。为了使屋顶的热膨胀不影响下部结构，环梁座落在"特氟隆"承压垫上，承压垫可以径向位移。

屋顶上部设中央桁架。飞杆的连接件做成铰接件，以使其易于安装，并在不均匀承重情况下允许接头旋转。

（4）桅杆斜拉式索膜结构 在竖起的桅杆顶部用钢索拉起膜面支撑架或直接拉起膜面，即为桅杆斜拉索膜建筑体系。它的特点是：高耸的桅杆，有力的索网，造型神奇的白色膜面，使建筑造型的美与结构体系表现出的力学美发挥到了极致。它适宜于大型建筑。

英国泰晤士河畔的千年穹顶是典型的桅杆斜拉索膜建筑，如图9-6所示。它有12根100m高的桅杆立在环形的钢筋混凝土地梁上。桅杆顶部向内分布的索

a)

图9-5 美国亚特兰大奥运会主馆

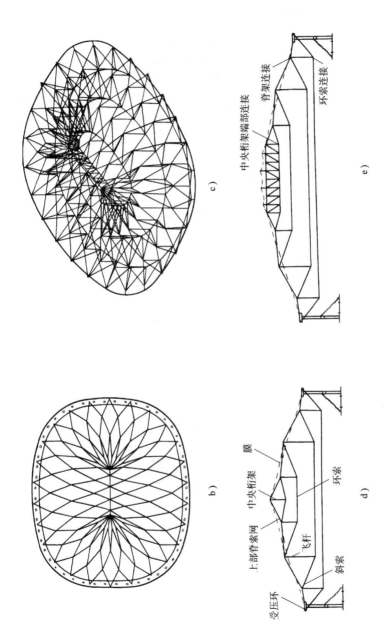

图9-5　美国亚特兰大奥运会主馆（续）

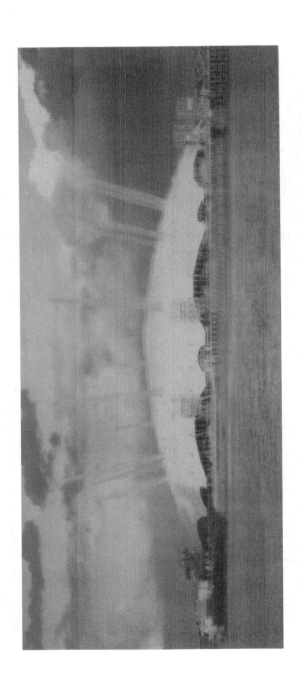

图9-6 英国泰晤士河畔千年穹顶

网拉起直径 364m 圆弧面穹顶，向外的钢索嵌固在地锚上，构成一个整体稳定的桅杆斜拉式索网结构体系。圆弧面穹顶由弧形骨架和扇形膜面组成。穹顶中心高 50m。膜面材料为玻璃纤维织物聚四氟乙烯涂层。英国国民曾在此举行了千年庆典和千年成就展览。

2. 蒙皮膜结构体系

上面所述的几种索膜建筑中的膜面，除了作为建筑的围合构件——屋盖和墙体外，它还是张力结构体系中不可缺少的组成部分。而蒙皮膜建筑的膜只作为建筑构件，它不起结构作用。蒙皮膜建筑的造型取决于支撑构架的造型。膜面作为覆盖材料蒙在钢构架的支撑点上。

3. 充气式索膜结构

充气式索膜建筑历史较长，但因其使用功能的局限性，如形式单一、空间要求气闭。另外需要不断充气，运行与维修费较高，使其应用面较窄。但充气式索膜体系造价较低，施工速度快，在特定的条件下，有其明显的优势。以上弱点若能解决，充气式膜建筑仍有广阔的应用前景。

9.3 膜面与索膜结构的发展

索膜结构的发展与膜面的发展是分不开的。作为永久性的建筑膜面应该达到如下要求：

1）具有很好的抗老化性，保证建筑的耐久性。

2）具有足够的强度，施加拉力时，保证膜面有足够的安全度。

3）保温隔热能适应不同气候条件，节省能源。

4）具有防雨、防水、防渗和防霉等性能。

5）不吸附灰尘，易清洗，具有很好的自洁性能。

6）适当的透光率，保证白天有足够的自然光。

7）成品膜制作时可以直接焊接，因此要求具有很好的可焊性。索膜建筑的膜面与传统的刚性屋面和墙体的围合大不相同。它打破了传统的屋面与墙的界限，它的曲线美超越了传统的矩形建筑。

索膜建筑，它那充满张力的曲面，丰富多彩，生动活泼，既飘逸自然，又刚劲有力。高耸的桅杆，琴弦一样的钢索，大型的钢节点，都给人以艺术感染力和技术上的神秘感。索膜建筑的美是艺术美与技术美的结合，是力所表现出来的美。它有着很强的生命力，21 世纪将会迎来更大的发展。

第 10 章

多高层建筑结构

10.1 概述

根据《高层建筑混凝土结构技术规程》JGJ3—2010（以下简称《高规》）的规定，一般 10 层及 10 层以上，或房屋高度超过 28m 的称高层房屋。层数和高度在此以下的称为多层房屋。

目前最高的建筑是阿联酋迪拜塔，有 160 层，高 828m。2010 年建成的台湾地区的 101 大楼，有 101 层，高 508m，居世界第 2 位。我国大陆地区的高层建筑近些年发展很快，上海环球金融中心，高 492m，居世界第 3 位。

多层及高层房屋有以下特点，随着房屋高度的增加，由水平荷载（风、地震）产生的内力所占总内力的比重越来越大，如何有效地提高结构抵抗水平力的能力越显重要，并必然对结构体系带来变化，如何提高结构的侧向刚度也逐渐成为主要问题。同时，随着房屋高度的增加，竖向荷载及水平荷载对基础产生的内力也越来越大，因此基础的设计也更显重要。

高层建筑结构大多为钢筋混凝土结构、钢结构和钢与混凝土的组合结构；多层建筑结构中，现在砖石结构还在继续采用，但混凝土和钢结构的比例也越来越多。

10.2 结构体系及其布置

多高层房屋的结构体系主要可分为四类：框架、剪力墙、框架—剪力墙和筒体结构。

1. 框架结构体系

框架结构是利用梁、柱组成的横向及纵向框架，同时承受竖向和水平荷载的结构体系。

框架结构体系的优点是建筑平面布置灵活，可形成较大的空间，有利于会议厅、休息厅、餐厅、商场的布置。因此，框架结构在公共建筑和旅馆建筑中采用较多。同时框架是由梁和柱组成的，便于装配化和标准化施工，有利于机械化和工厂化制作与安装。

框架结构体系的主要缺点是侧向刚度较小，当房屋层数过多时，会产生过大的侧移，易引起非结构构件（如隔墙、装饰等）破坏，而不能满足使用要求。在非地震区，钢筋混凝土框架结构一般不超过 15 层。国外一般认为钢框架 30 层以下是经济的，钢筋混凝土框架 15 层以下是经济的。地震区，高层建筑不宜采用框架结构体系。如天津友谊宾馆，东段为 8 层框架结构，西段为 11 层框架—剪力墙结构。唐山地震时，东段框架侧向变形很大，填充墙严重破坏。填充墙修复后，不久宁河地震时又遭破坏。最后改为框—剪体系。所以，地震区的高层建筑不宜采用钢筋混凝土框架结构体系。

框架结构体系的柱网布置形式很多，柱网的布置和层高，主要根据建筑的使用功能和建筑形式确定。柱网布置可以划分为小柱距和大柱距两类。小柱距是指一个开间为一个柱距，大柱距指两个开间为一个柱距。一般而言，小柱距建筑布置不灵活，技术经济指标也较差，有条件时宜采用大柱距。

图 10-1 为几种典型的建筑柱网形式。图 10-2 为几种特殊形状平面的柱网布置形式，供设计时分析借鉴。

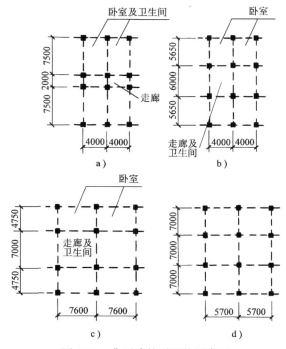

图 10-1　典型建筑平面柱网布置

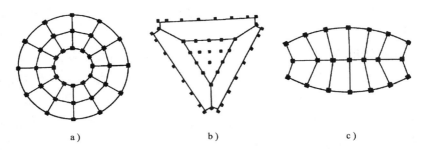

a)   b)   c)

图 10-2　特殊形状平面的柱网布置

2. 剪力墙结构体系

剪力墙结构是利用建筑物的纵横墙体来承受竖向荷载和水平荷载的结构。在高层建筑中，剪力墙除了重力荷载外还要承受风和地震水平荷载引起的剪力和弯矩。所以，这种承重墙体系称作剪力墙体系。剪力墙一般为钢筋混凝土墙，厚度不小于 14cm，侧向刚度很大，见图 10-3。

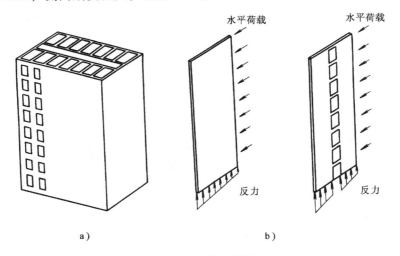

a)   b)

图 10-3　剪力墙结构

剪力墙间距从经济角度考虑不宜太密，一般以 6～8m 为宜。在美国，剪力墙体系的高层建筑已做到 70 层。目前我国多用在 10～30 层的住宅和旅馆中，一般认为 12～50 层范围都适用。

剪力墙的缺点是间距小，建筑平面布置不灵活，不适用于公共建筑，另外，结构自重也大。在宾馆建筑中，通常要求有较大的门厅、餐厅和会议厅等，这时，最好将这些厅从高层中移出，布置在高层的周围。另一种解决的办法是底层采用框架结构体系，这种结构称之为框支剪力墙结构，见图10-4。

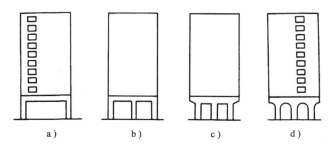

a）　　　　　　　b）　　　　　　　c）　　　　　　　d）

图 10-4　框支剪力墙结构

对于框支剪力墙结构体系我国进行了专题试验研究。《高规》中做出明确规定。

1）底层应设落地剪力墙或落地筒体。在平面为长矩形的建筑中，落地横向剪力墙的数目与全部横向剪力墙的数目之比，非抗震设计时不宜少于30%；需要抗震设计时不宜少于50%。底层落地剪力墙和筒体应加厚，并可提高混凝土强度等级以补偿底层的刚度。上下层刚度比宜接近1。

2）落地剪力墙的间距 L 应符合以下规定：

非抗震设计：　　　　$L \leqslant 3B$，$L \leqslant 36m$

抗震设计：　　　　6 度和 7 度时，$L \leqslant 2.5B$，$L \leqslant 30m$；

　　　　　　　　　8 度时，$L \leqslant 2B$　$L \leqslant 24m$。

式中，B 为楼面宽度。

3）结构沿竖向应避免刚度突变。对于设置托墙框架的底层或底部若干层，可采取提高混凝土强度等级或加大落地墙厚度等措施，来增加楼层的抗推刚度，避免刚度的突变。

4）转换层楼板（大空间最上一层的顶板）应采用现浇钢筋混凝土楼板，并应根据房屋高度，地震烈度和 L/B 数值的大小来确定楼板的厚度，以保证该层楼板向落地剪力墙传递水平力时具有足够的水平刚度和强度。一般情况下，转换层楼板的厚度不宜小于20cm，混凝土强度等级不低于 C30。对于配筋、开洞等其他要求，《高规》中有明确规定。

5）关于托墙框架的梁和柱以及框架上边的墙《高规》中都有一定的要求，具体内容请参见《高规》。

3. 框架—剪力墙结构体系（简称框—剪体系）

如上所述，框架结构建筑布置比较灵活，可形成较大的空间，但侧向刚度较差，抵抗水平荷载的能力较小；剪力墙结构侧向刚度大，抵抗水平荷载的能力强，但建筑布置不灵活，一般不能形成较大的空间。基于以上两种情况，在框架的某些柱间布置剪力墙，与框架协同工作，便形成了框架—剪力墙体系。这种体系抵抗水平荷载的能力较大，建筑布置也较灵活，如图 10-5 所示。剪力墙可以是钢筋混凝土的，也可是钢桁架。

框架—剪力墙结构体系一般用于 10~20 层的建筑中。北京饭店 20 层，就是框—剪体系。

在框架—剪力墙体系中，框架与剪力墙是协同工作的。在水平力的作用下，剪力墙好比固定于基础的悬臂梁，其变形主要为弯曲型变形，框架属剪切型变形。框架和剪力墙通过楼盖联系在一起，并依靠楼盖结构足够的水平刚度使两者具有共同的变形，见图 10-6 示意。在一般情况下，整个建筑的全部剪力墙大约可承受 80% 的水平荷载，全部框架承担 20% 的水平荷载。也就是说，在框架—剪力墙体系中框架主要承受竖向荷载，而剪力墙主要承受水平荷载。

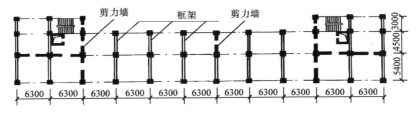

图 10-5 框架—剪力墙体系

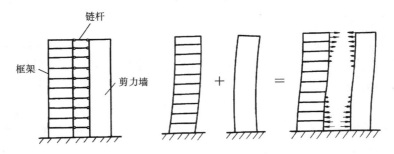

图 10-6 框架与剪力墙的共同工作

框架—剪力墙体系的结构布置包括两部分：一是框架的布置；二是剪力墙的布置。框架的布置原则如前所述。剪力墙的布置原则如下所述。

在框—剪结构体系中，剪力墙是抵抗水平力的主要构件。剪力墙布置得合理与否直接影响结构的安全与经济。

在地震区，由于纵横两个方向都可能有地震力的作用，因此沿房屋纵横两个方向都应布置剪力墙。

在非地震区水平力为风荷载时，对于长方形平面的建筑，纵横两个方向迎风面相差很大，当纵向框架有足够的刚度和强度抵抗风力时，也可只在横向设置剪力墙。

剪力墙的数量多少是设计中的重要问题。剪力墙太少，势必增加框架的负担，使框架的截面增大，结构侧向变形也会增大。剪力墙太多，不仅剪力墙的强度有可能不能得到充分的利用，而且会使房屋的刚度加大，自振周期减小，最后导致地震力增大。因此过多的剪力墙不仅是不经济的，而且还会给建筑带来不必要的限制。

在建筑方案或初步设计中，就需大致确定抗震墙的数量和位置。根据以往工程实践归纳出如下的经验数字，供设计时参考使用。抗震墙的面积作为一个指标，可以采用底层结构截面面积（即抗震墙截面面积 A_w 加柱截面面积 A_c）与楼面面积 A_f 的比值，或者采用抗震墙截面面积 A_w 面积与楼面面积 A_f 的比值，大致数量范围如表 10-1 所示。当设计烈度或场地类别不同时，可根据表中数值增减。抗震墙纵横两个方向的数量宜接近。

表 10-1　抗震墙截面面积与楼面面积之比

设计条件	$\dfrac{A_w}{A_f}$	$\dfrac{A_w + A_c}{A_f}$
7 度、Ⅱ类场地	2% ~3%	3% ~5%
8 度、Ⅱ类场地	3% ~4%	4% ~6%

注：层数多、高度大的框—剪结构宜取表中上限值。

剪力墙的厚度和配筋量应通过计算确定，但其厚度不应小于 14cm，且不应小于楼层净高的 1/25。剪力墙内可以有单排及双排配筋两种形式，但当墙厚大于 14cm 时，应采用双排配筋，钢筋直径不宜小于 $\phi 8$。

保证框架与剪力墙协同工作，是结构布置的重要问题，关键是楼盖在水平方向的刚度大小，楼盖水平刚度越大，协同工作越好。加强楼盖的水平刚度，一般可采取两个措施：一是加强楼盖本身的整体刚度，如采用现浇钢筋混凝土楼盖或装配整体式楼盖（即在预制楼板上后浇钢筋混凝土叠合层）；二是控制剪力墙的最大间距。以上两种措施都是为了控制楼盖在水平面内的弯曲变形。在水平荷载的作用下，楼盖可视为支承在剪力墙上的水平深梁，见图 10-7。从图上可以看出，剪力墙的间距 L 就是该水平深梁的跨度，房屋宽度 B 就是它的截面高度。在水平力 q 的作用下，剪力墙产生位移为 Δ_1，水平深梁的最大弯曲变形值为 Δ_2。

当 $\Delta_2/L \leqslant 10^{-4}/1.2$ 时，即可认为楼盖的刚度为无限大，弯曲变形 Δ_2 可以忽略不计。这就是说，在水平力的作用下，由于楼盖的刚性而使剪力墙和框架柱产生了相等的位移 Δ_1，从而得到协同工作的效果。如果楼盖的刚性很差，跨度 L 很大，楼盖的弯曲变形 Δ 便会增大，剪力墙和框架不能有效地协同工作，这样框架就将承担更多的水平力。因此，《高规》规定，对于现浇钢筋混凝土楼盖应满足 $L \leqslant 4B$；对于装配式钢筋混凝土楼盖应满足 $L \leqslant 2.5B$。当然这还与水平荷载的大小有关，其关系如图 10-8 所示。设计时根据水平荷载和框架的宽度即可求出剪力墙的间距 L。框架—剪力墙应优先采用现浇楼面结构。

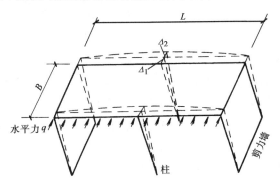

图 10-7　剪力墙与楼盖在水平力作用下的变形

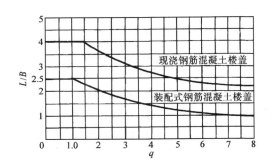

图 10-8　剪力墙最大间距的限值

注：q 为楼层单位长度上的水平地震荷载（kN/m）

框架—剪力墙结构中，剪力墙的布置应符合如下要求：

1）横向剪力墙宜均匀对称地设置在建筑的端部附近、楼电梯间、平面形状变化处及恒载较大的地方，见图 10-9。

2）横向剪力墙的间距应满足表 10-2 的要求。

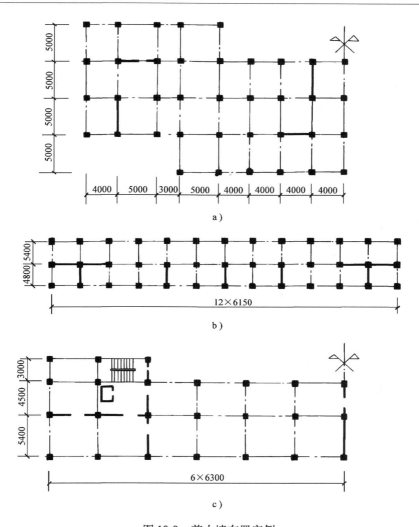

图 10-9   剪力墙布置实例

3）纵向剪力墙宜布置在结构单元的中间区段内。房屋较长时不宜集中在两端布置纵向剪力墙，否则宜留施工后浇带，以减少收缩应力的影响。

4）纵横向剪力墙宜成组布置成 L 形、T 形和囗字形等，见图 10-10。

表 10-2   剪力墙的间距

楼面形式	非抗震设计	抗震设防烈度		
		6 度、7 度	8 度	9 度
现浇	≤5B 且≤60m	≤4B 且≤50m	≤3B 且≤40m	≤2B 且≤30m
装配整体	≤3.5B 且≤50m	≤3B 且≤40m	≤2.5B 且≤30m	—

注：B 为楼面宽度。

5）剪力墙宜贯通建筑物全高，厚度逐渐减薄，避免刚度突然变化。

6）为了便于施工，最好不在防震缝或变形缝两侧同时设置剪力墙。

4. 筒式结构体系

筒式体系是指由一个或几个筒体作竖向承重结构的高层建筑结构体系。它主要靠筒体承受水平荷载，具有很好的空间刚度和抗震能力。

在超高层建筑中（日本对 30 层以上称超高层）需要更有效的抗侧力体系。筒式体系就是很好的超高层建筑的结构体系。筒的概念是美国 S. O. M 事务所的法齐卢·坎恩（Fazler R Khan）提出的。这种体系抵抗水平荷载的特点是整个建筑犹如一个固定于基础的封闭空心悬臂梁，如图 10-11 所示。它不仅可以抵抗很大的弯矩，也可抵抗扭矩。它是目前最先进的高层建筑结构体系之一。建筑布置灵活，而且大多数筒式体系的高层建筑每平方米建筑面积的结构材料消耗量仅相当于一般框架建筑的一半。

筒式体系最适用于平面为正方形或接近正方形的建筑中采用。按其布置方式和构造的不同，筒式体系又可分为以下几种形式：

（1）内筒体系　一般是由建筑内部的电梯间或设备管井的钢筋混凝土墙体形成内筒和外部的框架共同组成。由于筒体与设备管井结合，因此往往能够获得较好的经济效果。这种结构受力很接近框架—剪力墙结构，层数可达 20 至 30 层，上海宾馆 27 层，即为这种结构，见图 10-12a。

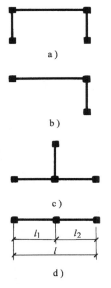

图 10-10　典型的剪力墙形式

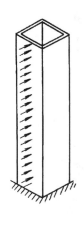

图 10-11　筒在水平力
作用下的计算简图

（2）筒中筒体系（或称套管体系，tube in tube）　这种体系由内筒与外筒组成，内筒可利用电梯间和设备竖井，外筒可采用框筒，见图 10-12b。

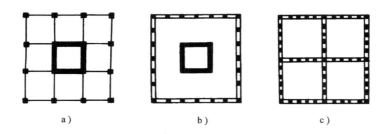

图 10-12　筒式结构体系

a）内筒体系　b）筒中筒体系　c）成束筒体系

框架筒是由建筑四周密集的立柱与高跨比很大的横梁（即上下层窗洞之间的墙体）组成，如同一个多孔的筒体。筒体的孔洞面积一般不大于筒壁面积的 50%。立柱中距一般为 1.2～3.0m，也可扩大到 4.5m，横梁高度一般为 0.6～1.2m，厚 0.3～0.5m。立柱可为矩形或 T 形截面，横梁常采用矩形截面。

楼板支承在内外筒壁上，两筒之间的距离以 10～16m 为宜。由于它能抵抗很大的侧向力，室内又无柱子，使建筑布置灵活，因此在超高层建筑中应用广泛。

（3）成束筒体系　它是由几个连在一起的筒体组成，是最新的超高层结构体系，见图 10-13。世界上最高的建筑之一，芝加哥的 110 层的西尔斯大厦就是采用这种体系。它由九个标准筒组成，其平面为 68.58m×68.58m。一个令人感兴趣的特点是，在保证结构整体性能的前提下，它的每个筒按需要在不同高度上截止，详见下面的实例介绍。

筒体的布置应结合建筑平面和结构的受力要求进行，见图 10-13。

筒体的楼盖布置很重要，方式也很多，几种较为典型的布置方式见图 10-14。

（4）框筒底层扩大柱距的对策　框筒的柱距比较小，而高层建筑底层人流非常大，这样小柱距的空间便与大人流的要求形成矛盾。一般情况下，都是采取扩大底层柱间距的办法，以加大进出口的净空。底层柱距扩大后，常采用转换梁来承托上部密排柱传来的荷载。转换梁的尺寸都非常大。当然也可用转换桁架，密排小柱可以合并成大柱的办法来解决，见图 10-15。

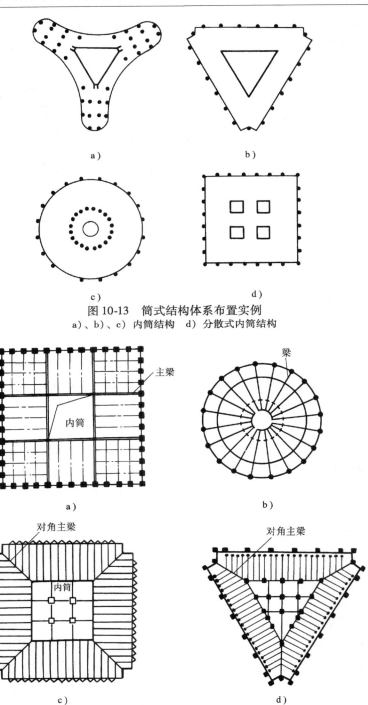

图 10-13 筒式结构体系布置实例

a）、b）、c）内筒结构　d）分散式内筒结构

图 10-14 楼盖结构布置实例

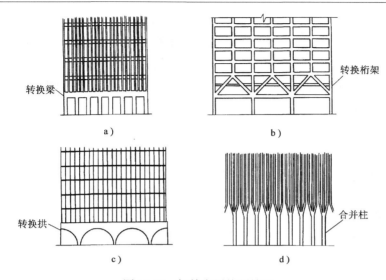

图 10-15　框筒底层柱距处理

10.3　钢结构

近年来，我国北京、上海、深圳等地相继兴建了很多钢结构和钢—混组合结构的高层建筑。随着经济的发展和技术的进步以及我国钢产量的增加，钢结构的高层建筑会越来越多。

钢结构具有施工工期短、自重轻、结构断面小，建筑使用空间大、抗震性能好等优点。特别是在超高层建筑中，它的优点更突出。因此，钢结构会更加广泛地被采用。

1. 钢结构与混凝土结构的分析比较

（1）用钢量　根据我国近十几年建造的部分钢筋混凝土结构高层建筑调查，29 层以下的用钢量约 $70kg/m^2$，30 层以上的约 $90kg/m^2$。由于建筑的使用性质不同，对荷载层高和柱网、剪力墙的布置要求不同，所以用钢量不同。我们以 30 层为界，不同层数的用钢量分布如表 10-3 所示。

表 10-3　不同层数钢筋混凝土结构用钢量分布表

层数 ＼ 用钢量/（kg/m²）	小于 40	40~49	50~59	60~69	70~79	80~89	≥90
25~29 层	7%	27%	13%	13%	40%		
30~62 层				11%	11%	56%	22%

一般来讲，钢结构的高层建筑用钢量比较高。然而由于钢材的性能提高，结构体系的改进，建造技术的进步和计算理论的进步，钢结构的用钢量有逐年下降的趋势。美国 1931 年建成的纽约帝国大厦，用钢量为 206kg/m²，而 1968 年建成的芝加哥汉考克大厦用钢量仅为 146kg/m²。这个数字已接近相同高度钢筋混凝土结构的用钢量。

（2）结构面积和结构自重　在高层特别是超高层建筑中，钢筋混凝土柱和剪力墙截面都比较大，占去了较多的使用面积。而钢结构构件的截面则较小，占用的使用面积也相应较少。现以 43 层的上海希尔顿酒店为例，钢筋混凝土结构竖向构件的结构面积占建筑总面积的 9%，而钢结构仅占 2.5%。

钢结构具有自重轻的特点。一般钢筋混凝土高层建筑标准层的自重为 12 ~ 18kN/m²，而钢结建筑仅为 8 ~ 10kN/m²。减轻 30% 左右。这对于有地震设防的高层建筑是十分有意义的，而且可以降低基础的费用。

（3）结构的耐震性　由于混凝土的抗拉、抗剪强度比较低，延性比较差，构件开裂破碎后，承载能力下降迅速，用于地震区的高层建筑，其层数不能不受到限制。而型钢则不同，基本上属于各向同性的匀质材料，抗拉、抗压、抗剪强度均很高，延性也好，耐震性能很好，所以钢结构更适用于地震区的高层建筑。钢结构的高层建筑只要设计得当，在层数上没有太多限制，可以按需要建造。

（4）关于工期　钢筋混凝土结构施工工序较多，比较复杂，所以工期较长，而钢结构由于工厂化程度高，所以施工快，一般的高层建筑采用钢结构可缩短工期半年到 1 年。例如，采用钢筋混凝土结构的北京国际饭店、北京国际大厦、南京金陵饭店和深圳国贸中心，施工周期分别为 43 个月、36 个月、37 个月和 43 个月；而采用钢结构的上海瑞金大厦、北京香格里拉饭店、上海希尔顿酒店和北京长富宫中心，施工周期分别为 20 个月、24 个月、30 个月和 33 个月。美国芝加哥西尔斯大厦，110 层（地下 3 层，地上 110 层），高 442.3m，用钢量为 7.6 万 t，主体结构 15 个月完工。这充分体现了钢结构的高速度施工水平。也大大地降低了投资。

从以上的分析中我们可以看出，钢结构的采用会越来越广泛。

2. 钢结构体系实例

（1）美国芝加哥市西尔斯大厦　该楼于 1974 年建成，110 层，高 442.3m，建筑面积近 40 万 m²，是单一功能的办公楼。有 3 ~ 3.5 万人在楼内工作。因大楼高度超过 400m，为控制风载下的侧移和振动加速度在允许限值以内，楼房底层平面尺寸定为 68.6m×68.6m。高宽比值为 6.5。因为底层边长已超出框筒的极限尺寸 45m，所以采用成束框筒体系。它的体系为模数化的筒体群，由 9 个连在一起的筒体组成，每个筒均为 22.86m × 22.86m 的正方形平面。柱距为 4.57m。按照各楼层使用面积向上逐渐减少的要求，到第 51 层减去对角线上的两个子筒，到 67 层再减去另一对角线上的两个子筒，91 层以上再减去三个子筒，保留两个子筒至 110 层。9 个筒分段截去，既满足了使用要求，又减少了风力，还丰富了立面造型。每个筒内不再设内柱，建筑布置非常灵活，租用单位可按照办公要求自行分隔。

它的允许位移为建筑高度的 1/500，即 90cm，建成后实测位移仅为 46cm。

为了进一步减小框筒的剪力滞后效应，于 35 层、66 层和 90 层三个设备层，沿内外框架设置了桁架，形成三道圈梁，提高了框筒抵抗竖向变形的能力。

梁和柱均采用焊接工字钢。柱子的截面尺寸由底层的 1070mm × 609mm × 102mm（高、宽、翼缘厚），分级变化到顶层的 107mm × 305mm × 19mm；梁的截面尺寸由底层的 990mm × 406mm × 70mm，分级变化到顶层的 990mm × 254mm × 25mm。设计方案的结构总用钢量为 7.6 万 t，单位面积的用钢量仅为 161kg/m^2，非常省。这说明该结构体系非常合理。

主体结构 15 个月完工。

西尔斯大厦成束框筒群平面和立面图分别见图 10-16a 和图 10-16b。

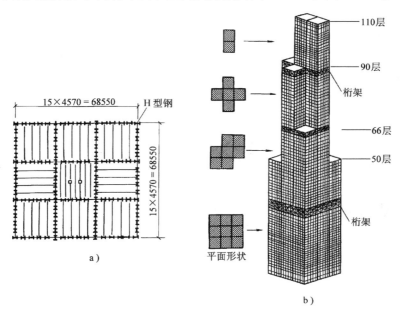

图 10-16　西尔斯塔楼平立面

a）束筒群平面　b）立面变化

（2）美国芝加哥约翰·汉考克大厦　该大厦于 1968 年建成，99 层，高 344m，建筑面积 26 万 m²。它是一幢集商业、办公、公寓和停车的综合性大楼。位于芝加哥的商业和旅馆区中心，占地 1.4 公顷。是一幢逐渐向上收缩的，平面为矩形的塔楼。底层平面尺寸为 79.2m × 48.7m，顶层为 48.6m × 30.4m。

6 层以下及 44 层、45 层为商店、游泳池及棒球房等，6~12 层为车库，可停 1200 辆汽车，13~41 层办公，46~92 层有 700 个单元公寓，93~97 层为餐厅、瞭望观景层及电视台。在楼内的办公人员，住在公寓内，可免上班下班的奔波，这就是理想的城中之"城"了。

公寓要求进深小，商业要求进深大，设计师巧妙地设计成向上逐渐缩小的长方形锥体，把公寓放在 46 层以上。其斜度是经优化过的较佳值，使商场、办公和公寓都获得比较适宜的进深尺寸。钢柱都向内倾斜了 5 度。

该建筑的结构体系为支撑框筒体系，即在外框架上设置了大型交叉支撑，形成支撑框筒。各片框架中的斜杆在同一角点上相交，保证从一立面到另一个立面，支撑的传力路线连续，从而更加充分地发挥了立体构件的空间工作效能，见图 10-17。

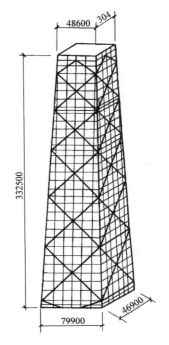

图 10-17　汉考克大厦支撑框筒体系立面

锥体有利于抵抗水平力，比矩形柱状体可减少 10%~50% 的侧移。由于选择了有利的结构形式，它的用钢量非常省，仅为 145kg/m²。该建筑为"重技派"的代表作。

10.4　各种结构体系的适用高度

综合上述，高层建筑的结构体系有框架体系、剪力墙体系、框架—剪力墙体系和筒式体系等。这些体系具有不同的受力特点和建筑的适应条件。高层和超高层建筑的受力特点主要是从抵抗水平力的角度来进行分析的，因为水平荷载是高层建筑和超高层建筑的主要控制因素。水平荷载和结构内力的大小又与建筑的高度有直接关系。因此，高层建筑的结构体系对建筑的适应条件可以用建筑的高度或层数来划分，钢筋混凝土结构体系见表 10-4 所示。

表10-4　钢筋混凝土结构体系适用的最大高度（m）

结构体系		非抗震设计	抗震设防烈度			
			6 度	7 度	8 度	9 度
框架	现浇	60	60	55	45	25
	装配整体	50	50	35	25	—
框架—剪力墙和框架筒	现浇	130	130	120	100	50
	装配整体	100	100	90	70	—
现浇剪力墙	无框支墙	140	140	120	100	60
	部分框支墙	120	120	100	80	—
筒中筒及成束筒		180	180	150	120	70

近年来，钢结构体系房屋在我国各大城市逐渐增多。钢结构以其构件截面小、自重轻、延性好、安装快等优点，业已成为我国多、高层建筑中的重要结构类型，出现了多种钢结构体系。钢结构体系的适用高度见表10-5所示。

表10-5　钢结构体系适用的最大高度（m）

结构类型	结构体系	非抗震设计	抗震设防烈度		
			6 度、7 度	8 度	9 度
钢结构	框架	110	110	90	—
	框架—支撑（剪力墙）	240	280	180	140
	各类筒体	400	350	300	250
混凝土钢结构	钢框架—混凝土剪力墙 钢框架—混凝土芯墙	220	180	—	—
	钢框筒—混凝土芯筒	220	220	150	—
型钢混凝土结构	框架	110	110	90	70
	框架—剪力墙	180	150	120	100
	各类筒体	200	180	150	120

10.5　结构的总体布置与变形缝

高层建筑结构设计，应重视结构的选型和构造。择优选用抗风及抗震性能好而又经济合理的结构体系和平、立面布置方案。在构造上应加强连接，保证结构的整体性，使结构具有足够的承载能力、刚度和延性。

在设计当中，确定结构体系之后，需要具体进行结构总体布置。总体布置合理与否，对建筑的使用、坚固、经济、美观、施工都有很大影响。

1. 建筑布置与结构布置的要求应有机地结合起来，在满足使用要求的同时，要考虑结构的受力合理。在高层建筑中，如何保证结构更有效地抵抗水平荷载是设计中的重要问题

高层建筑结构的高宽比不宜超过表 10-6 的规定。

表 10-6　高宽比的限制

结构类型	非抗震设计	抗震设防烈度		
		6 度、7 度	8 度	9 度
框架	5	5	4	2
框架—剪力墙、框架—筒体	5	5	4	3
剪力墙	6	6	5	4
筒中筒、成束筒	6	6	5	4

2. 高层建筑的平面宜选用风压较小的形状，并应考虑邻近高层建筑对其风压分布的影响

在高层建筑的一个独立结构单元内，宜使结构平面形状和刚度均匀对称。明显不对称的结构应考虑扭转对结构受力的不利影响。

3. 需要抗震设防的高层建筑，其平面布置应符合下列要求

1）平面宜简单、规则、对称、减少偏心，否则应考虑其不利影响。

2）平面长度不宜过长，凸出部分长度 L 宜减小，凹角处宜采取加强措施，见图 10-18。L、l、l' 等值宜满足表 10-7 的要求。

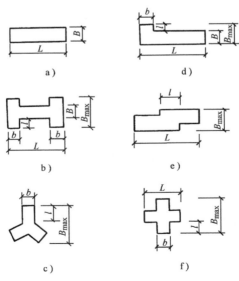

图 10-18　建筑平面

表 10-7　*L*、*l*、*l'* 的限值

抗震设防烈度	L/B	L/B_{max}	l/b	l'/B_{max}
6 度和 7 度	≤6	≤5	≤2	≥1
8 度和 9 度	≤5	≤4	≤1.5	≥1

4. 关于筒中筒结构的总体布置原则

筒中筒结构，多用于超高层建筑，宜采用对称平面，优先采用圆形、正多边形，采用矩形平面时其长宽比不宜大于 2，当长宽比大于 2 时，宜在平面内另设剪力墙或柱距较小的框架将筒体划分为若干个筒，各筒之间的刚度不宜相差太大。

筒中筒结构设计应符合以下要求：

1）筒中筒结构的高宽比宜大于 3，高度不宜低于 60m。

2）剪力墙内筒的边长宜为高度的 1/8～1/10。如有另外的角筒和剪力墙时，内筒平面尺寸还可以适当减小。内筒宜贯通建筑物全高，竖向刚度宜均匀变化。

3）外筒密柱到底层部分可通过转换梁、转换桁架、转换拱等扩大柱距，但柱的总截面面积不宜减小。需要抗震设防时应采取措施保证柱底的延性要求。

4）内筒与外筒之间的距离，对非抗震设计，不宜大于 12m；对抗震设计，不宜大于 10m。超过此限值时宜另设承受竖向荷载内柱或采用预应力混凝土楼面结构。

5. 高层建筑结构的伸缩缝

如果房屋的长度过大，由温度变形引起的内力将导致房屋结构的破坏，因此《规范》规定，伸缩缝间距一般不宜超过表 10-8 的限制。伸缩缝只要上部结构分开，基础可以不分开。

表 10-8　伸缩缝的最大间距

结构类型	施工方法		最大间距/m
框架 框架—剪力墙	装配式		75
	现浇	外墙装配	65
		外墙现浇	55
剪力墙	外墙装配		65
	外墙现浇		45

6. 防震缝和沉降缝的设置与构造

对有抗震设防的建筑，遇有下列情况时宜设防震缝：

1）平面各项尺寸超过表 10-7 的限值而又无加强措施；

2）房屋有较大的错层；

3）各部分结构的刚度或荷载相差悬殊而又未采取有效措施。防震缝的基础可以不分开，其宽度一般不宜小于5cm。最小宽度一般应满足表10-9的要求。

当房屋各部分地基土质不同，或者当房屋的高度和荷载相差很大时，应设置沉降缝将两部分分开，以避免不均匀沉降而导致房屋结构的破坏。沉降缝必须从上到下将整个建筑分开，包括基础在内。沉降缝可以兼做温度缝和防震缝，兼做防震缝时应符合防震缝宽度的要求。

高层建筑与裙房之间，当采用必要的措施时，可连为整体而不设沉降缝，具体措施如下：

1）采用桩基，桩支承在基岩上，或采取减少沉降的有效措施并经计算，沉降差在允许范围内。

2）主楼与裙房采用不同的基础形式，并宜先施工主楼，后施工裙房，调整压力使后期沉降基本接近。

3）地基承载力较高、沉降计算较为可靠时，主楼与裙房的标高预留沉降差，先施工主楼，后施工裙房，使最后两者标高基本一致。

在上述2）、3）两种情况下，施工时应在主楼与裙房之间先留出后浇带，待沉降基本稳定后再连成整体。设计中应考虑后期沉降差的不利影响。

表10-9　防震缝的最小宽度（mm）

结构类型	设防烈度			
	6	7	8	9
框架	$4H+10$	$5H-5$	$7H-35$	$10H-80$
框架—剪力墙	$3.5H+9$	$4.2H-4$	$6H-30$	$8.5H-68$
剪力墙	$2.8H+7$	$3.5H-3$	$5H-25$	$7H-55$

注：H 为相邻结构单元中较低单元的屋面高度（m），H 至少取15（m）。

7. 结构竖向布置

需要抗震设防的建筑，竖向体形应力求规则、均匀，避免有过大的外挑和内收，如图10-19所示。符合以下要求的建筑，可按竖向规则建筑进行抗震分析。

1）立面收进部分的尺寸比值 B_1/B >0.75。

2）沿竖向，结构的侧向刚度变化较均匀，构件截面由下至上逐渐减小，不突变。

高层建筑宜设地下室。当基础落在岩石上时，可不设地下室，但应采用地锚等措施。

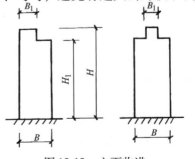

图10-19　立面收进

基础的埋置深度，采用天然地基时可不小于建筑高度的 1/12，采用桩基时，可不小于 1/15，桩的长度不计在埋置深度内。地震设防烈度为 6 度或非抗震设防的建筑基础埋深可适当减小。

10.6 结构的抗震概念设计

对于高层建筑的抗震概念设计，不仅结构工程师要掌握；建筑师也应该掌握。

地震是一种随机振动，具有复杂的不确定性。建筑物对地震的反应也很难准确决定。所以单靠计算来确保建筑物的可靠度很难。因此，建筑物总体抗震能力的概念设计受到工程界的普遍重视。

把握好地震对建筑物能量的输入，设计好建筑物的有利体形，选择有利的结构体系，并使其刚度分布合理，保证结构的延性，消除结构抗震的薄弱环节，再进行必要的抗震验算和构造措施的保证，这样便可保证建筑物具有良好的抗震性能和足够的可靠度。

1. 房屋结构的抗震设计目标

地震是多发性的，一幢建筑在其使用期内，可能多次遭受不同烈度的地震，针对单一烈度的抗震设计是不完全的，不能对建筑物在不同烈度下的表现作出评估，也就无法保证建筑的正常使用和安全。因此，《建筑抗震设计规范》对抗震设防提出三个水准的设防要求，即"小震不坏、中震可修、大震不倒"，其具体水准是：

1）当遭受低于本地区设防烈度的多遇地震影响时，一般不受损坏或不需修理仍可继续使用；

2）当遭受本地区设防烈度的地震影响时，可能损坏，经一般修理或不需修理仍可继续使用；

3）当遭受高于本地区设防烈度的预估罕遇地震影响时，不致倒塌或发生危及生命的严重破坏。

我国的建筑抗震设计，是以概率理论为基础的三水准设计方法。三个水准烈度的关系见表 10-10。

2. 掌握拟建地点的地震活动情况和工程地质资料，作出综合评价

宜选择有利的地段，避开不利的地段，当无法避开时，应采取适当的抗震措施，地基基础设计宜符合下列要求：

1）同一结构单元不宜设置在性质截然不同的地基土上；

表 10-10　三个水准烈度的关系

目标地震	三个设防水准	50 年超越概率	与基本烈度的关系	地震影响系数			相对比值
				设防烈度			
				7 度	8 度	9 度	
小震	多遇烈度	63%	低一度半	0.08	0.16	0.32	1/3
中震	偶遇烈度	10%	基本烈度	0.23	0.45	0.90	1
大震	罕遇烈度	2%	高一度	0.50	0.90	1.4	2~1.5

2）同一结构单元不宜部分采用天然地基部分采用桩基；

3）地基如有软弱黏性土、液化土、新近填土或严重不均匀土层时，应采取措施加强基础的整体性和刚性。

以上这些措施可避免地面变形的直接危害，减少地震能量对建筑的输入，削弱建筑物对地震的反应。

3. 选择有利的房屋体形和结构体系

通过进行合理的结构布置，来加强房屋的整体性，提高房屋的抗震能力。这些内容在前面已经阐述了，并且需要结构工程师与建筑师进行合作设计，这些内容非常重要。

4. 结构的抗震应设多道防线

抗侧力体系应进行优化设计，采用高延性的构件，做到强节点弱杆件，强柱弱梁、强剪弱弯、强压弱拉。实现耐震的结构屈服机制。这些可用构造措施和必要的验算来实现。

5. 减轻房屋的自重

减少楼板厚度对高层建筑降低自重非常有效。尽量减薄墙体，利用高强混凝土和轻质材料都是有效的措施。

6. 细部构造措施

加强非结构构件与主体结构的连接，防止非结构构件的破坏，避免伤人和砸坏重要设备。

第 11 章

结构形式优选、施工与技术经济

11. 1　概述

人们常常引用梁思成先生说的一句话——"建筑是凝固的音乐"。从建筑的高低起伏，建筑的序列和韵律及文化内涵讲，这种概括是深奥而富有哲理的。但同时，梁先生也表达过这样的意思，建筑是文化艺术、科学技术和工业经济的综合性产品，如图 11-1 所示。

建筑不仅反映一个国家民族的文化艺术特征，还反映出时代的特色。

建筑师和工程师应充分发挥自己的想象力，相互了解配合，精心设计，精心施工，创造出优秀的建筑来。创造性的设计人员，可以在经济条件的约束下做出优秀的设计，创造性也可以在竞争性的投标过程中取得。同时，经济效益也需要建筑师和工程师的想象力，效益也需要业主、设计和施工工程师的密切配合才能取得。

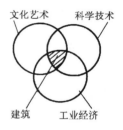

图 11-1　建筑的内涵

一幢建筑，总的造价包括三部分：建筑造价约占总造价的 45% ~ 60%；结构约占 25% ~ 30%；设备（水、暖通、电）约占 15% ~ 30%。具有高级装饰或有象征性的建筑，建筑造价所占比例要高一些。大跨度的建筑，结构造价占的比例要高一些。设备要求高的，如医院建筑，设备造价的比例占的要高一些；建筑艺术与结构的美学表现力结合好的，总的造价要降低一些。施工的科学管理水平高的，建筑、结构和施工结合好的总造价就会降低一些。

11. 2　结构施工

施工所包含的内容不限于现场的工作，它还包括预制构件的制作、储存、运输直至安装。

在建筑结构的总造价中，材料费占50%左右，其中包括一定量的工厂预制费，而另外的50%为所需劳动力和安装设备费等。实际上，有时材料费的基本费超不过30%。所以，要想取得好的施工效益，不仅要注意节约材料，同时，还要注意节约劳动力和设备费用等。

在建筑结构中，钢结构的费用为钢材原材料费用的2~4倍。因此，简化制造和安装费用对于钢结构工程的经济性具有重要的意义。为了减少制作费，必须尽可能地采用标准化的和常用的构件形式。这一点，不仅需要结构工程师注意，建筑师的主动配合也是特别重要的。通用构件多的建筑，施工速度还可以大大提高。

在钢筋混凝土工程的总造价中，混凝土材料所占费用相对较小，大约占总造价的15%~20%，而钢筋，无论是普通钢筋还是预应力束，占总造价的20%~30%，所占总造价比例最多的是混凝土模板和临时支撑，大约占30%~60%。这就提醒我们，提高模板的重复利用率和节省模板与临时支撑的意义重大。

讨论结构的概念设计时，在建筑和结构的方案设计阶段，施工方案的考虑也是非常重要的另一个方面。施工是一门深受社会和经济因素影响的技术，事实上它的实践经验又非常重要。施工方法需要理论与经验结合才能实现。建筑和结构设计工程师除了自己要了解一定的施工知识外，与施工工程师的密切配合也是非常需要的。结构体系的概念设计，一定要同时考虑到它的可行性与施工方案。构思一个在图纸上的美好方案，而忽视施工方法是不负责任的，一定要考虑到当地的各种条件及实现结构方案的可行性，才是全面的。

11.3　结构技术经济分析

在建筑结构设计中，对技术经济的分析是不可忽视的。对于常用的楼盖肋梁结构，梁的跨度一般为6~9m，具体跨度大小常由使用功能决定。在这个跨度范围内应该是经济合理的跨度。而当这个跨度增加一倍时，结构造价将增加30%左右；如若跨度在6~9m，而荷载若从200kN/m² 增加到400kN/m²，结构造价也将增加30%左右。当梁的跨度增加到12~24m 时，则可选用双向井字楼盖，或与竖向垂直承重结构综合考虑选用框架结构。

楼盖肋梁结构中的单向板，一般情况下，跨度以2~3m 为宜；双向板以4~6m 为宜。楼板的厚度一般超过15cm 就不经济了，因为楼板的面积大，其厚度最好小于15cm。

对于大跨度的屋盖结构，一般情况下，跨度在24~45m 的屋盖，可选用单向受力的桁架结构、拱式结构，也可选用空间结构，如平板网架结构等。这要根据使用功能要求、地区条件等综合考虑来决定。当跨度在 45～100m 时，选用空间结构较为合理；当跨度在 100m 以上时，选用悬索结构较为合理。大跨度结构，其造价所占建筑总造价的比例大，一定要对各种方案进行技术经济分析，选出既安全可靠又经济合理的方案。

　　多层建筑的结构形式很多，经济分析是个复杂的问题。我们引用前苏联的资料，对多层厂房的层高及层数对造价的影响绘成图表，供大家设计时做参考，见图 11-2。层高增加 0.6m，造价增加 8.3%，见图 11-2a。4、5 层的房屋比较经济，房屋又宽又长比较经济，见图 11-2b。我们认为这两个图对于多层民用建筑也具有参考意义。

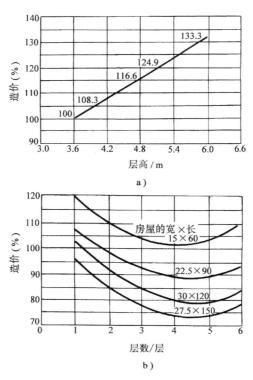

图 11-2　层高、层数对造价的影响

a）层高对单位面积造价的影响

b）层数对造价的影响

　　对于高层建筑，选择什么样的结构体系能更有效地抵抗水平力是个重要问题。一般地讲，竖向荷载所需结构材料的重量与层数成线性关系增加；而抵抗侧向力的结构材料重量，则随层数以急剧加速的比例增加。因此，选择最优的抗侧力结构体系具有重要的意义，见图 11-3。如若按最佳方案选择结构形式，其用钢量可以接近图中所示虚线数字。在 40 ~ 60 层时可节约 20% 左右，80 层以上可节约 37% 左右，100 层以上节约更多。

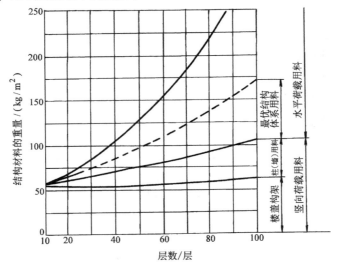

图 11-3　五跨钢框架结构的层数与材料用量关系图

对于高层建筑，楼盖中楼板的厚度不宜大，因为楼盖面积大，层数多，叠积起来，材料用量就多了。

选用高强轻质材料对于高层建筑具有重要意义。如美国休斯敦的贝壳广场大厦，根据地质条件，如果采用普通混凝土剪力墙结构只能建造 35 层，而全部采用轻质高强的轻质混凝土筒中筒结构，却建造了 52 层，其单位面积的造价也没有增加。

对于高层建筑特别是超高层建筑选用圆形比方形建筑平面更为经济，因为它体形均衡对称，各向刚度基本相同。平面为圆形的建筑承受水平风力的性能最好，它比平面为方形或矩形的建筑风压可减少 40%；比六角形或八角形的减少 20%。

圆形塔楼外墙面积最小，有效面积最大，往往可以获得较好的经济效益。

美国纽约西尔斯大厦建筑面积 40 万 m²，高 442.3m，110 层，采用模数化的筒体、钢结构，是经过优化的设计。由于采用了合理的结构体系，用钢量非常省，为 161kg/m²。总的用钢量为 7.6 万 t，由于采用了模数化的筒体，构件较统一，加快了施工进度，主体结构 15 个月即全部完成。

芝加哥约翰考克大厦建筑面积为 26 万 m²，高 344m，99 层，采用钢结构，支撑框筒体系，是一个很好的优化设计。由于采用了合理的结构体系，用钢量也非常省，仅为 145kg/m²。

以上两个例子说明，对超高层建筑，采用优化设计是非常必要的。从图 11-4 中可以对比出优化设计的好处。图中如果按最佳方案选择结构形式，其用钢量基本上可以达到虚线所示的数字。

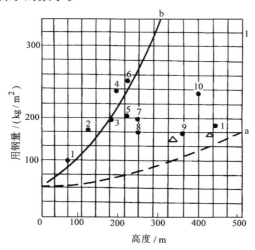

图 11-4　美国部分高层用钢量统计图

1—盖特威中心　2—公平保险大厦，芝加哥　3—第一国家银行，西雅图
4—芝加哥市政中心　5—多伦多行政中心　6—大通曼哈顿银行，纽约
7—第一联邦银行，芝加哥　8—钢铁大厦，匹兹堡　9—约翰·汉考克大厦，芝加哥
10—世界贸易中心，纽约　11—西尔斯大厦，纽约

11.4　结构形式的优选与组合

在建筑结构设计中，结构形式的优选与组合非常重要。前面讲过，拱是一种有推力的结构，它的主要内力是轴向压力，受力均匀合理，可以充分地发挥材料的抗压性能。混凝土的抗拉性能不好，而抗压能力很高，因此钢筋混凝土拱是一种很好的结构形式。悬索结构的索网是中心受拉构件，既无弯矩也无剪力。它可以充分发挥材料的抗拉性能，是一种合理的结构形式。以上两种结构形式都适用于大跨度结构。如果在大跨度的建筑中，采用这两种结构形式相结合，当然是非常合理的，也可以获得较好的经济效果，美国雷里竞技馆的结构体系，正是将这两种结构形式非常巧妙地结合起来的。屋盖采用悬索结构，悬索的拉力传到两个

a)

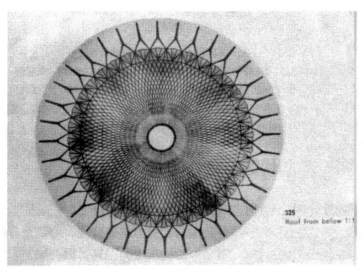

b)

图 11-5　罗马小体育宫

a）立面　b）室内仰视

c)

d)

图 11-5　罗马小体育宫（续）

c）室内透视　d）施工现场（塔式起重机立于建筑中心）

交叉的钢筋混凝土斜拱上，斜拱受压。这个建筑不仅结构受力合理，而且造型简洁美观，值得称颂，参见本书第 8 章中的图 8-19。

　　房屋建筑结构的技术经济分析是个比较复杂的问题，很难做到非常准确。以上内容仅供大家参考。希望大家在实践中不断总结积累，总结出更好的规律。

下面介绍一个优秀的建筑——罗马小体育宫。它建于 1957 年，是意大利著名的工程师、建筑师皮埃尔·鲁基·奈尔维设计的。屋顶为钢筋混凝土网格穹窿型薄壳结构，见图 11-5。它的特点是，不仅将建筑艺术与混凝土结构的美学表现力融为一体，而且充分地考虑了施工方案。这是一幢非常成功的建筑，受到全世界建筑界的高度赞扬。

从外立面看，清晰地显示出结构的特点，Y 形的构件，形象地表现了其独有的艺术风格。穹窿的檐边构件，波浪起伏，使建筑外观显得丰富、优美而自然。屋顶中尖天窗，不仅是功能的需要，而且在外观上起到了提神的作用。建筑的外观比例协调，形象优美，质朴而洗练。

从室内看，设计者把结构构件进行了艺术加工，构成一幢绚丽的图案，使整个屋顶蔚然成景。这幅图案又与看台呼应，协调而有韵律，结构形体的美学表现力与建筑艺术达到了高度完善的统一。整个建筑没有任何多余的装饰。

同时这个建筑对施工也做了周密的考虑。采用装配式结构，既节省了大量模板和临时支撑，又保证了结构的整体性。施工时，起重机安放在中央天窗处，这是最理想的吊装位置。

从以上的分析说明，这个建筑的确是一个杰作。奈尔维不愧是一位真正的设计大师，知识是如此地全面，考虑问题周到而又富有创意。

参 考 文 献

［1］ 林同炎.结构概念设计［M］.高立人，方鄂华，钱稼茹，译.北京：中国建筑工业出版社，1999.

［2］ 计学润.结构概念体系和造型［M］.哈尔滨：黑龙江科学技术出版社，2000.

［3］ 刘大海、杨翠如.高层建筑结构方案优选［M］.北京：中国建筑工业出版社，1996.

［4］ 罗福午.建筑结构概念体系与估算［M］，北京：清华大学出版社，1996.

［5］ 清华大学工建设计研究院.建筑结构型式概论［M］.北京：清华大学出版社，1982.

［6］ Fuller Moor. Understanding structures［M］，Mc Graw-Hill，Inc，1999.

［7］ 盛洪飞，桥梁建筑美学［M］.北京：人民交通出版社，1999.

［8］ 江见鲸，龚晓南，王之清，等.建筑工程事故分析与处理［M］.北京：中国建筑工业出版社，2003.

［9］ Salvadori M.，Structure in Architecture Prentice-Hall［M］，Englewood Cliffs，N. J.，1963.

［10］ 阿里埃勒·哈瑙尔，结构原理［M］.赵作周，郭红仙，译.北京：中国建筑工业出版社，2003.

［11］ 那向谦.索膜建筑的找形与工程设计［M］.世界建筑，2000（9）.